W0268734

Eine Zusammenstellung des Inhaltes der Hefte 1 bis 107 der Mitteilungen über Forschungsarbeiten zugleich mit einem Namen- und Sachverzeichnis wird auf Wunsch kostenfrei von der Redaktion der Zeitschrift des Vereines deutscher Ingenieure, Berlin N.W., Charlottenstr. 43, abgegeben.

Heft 110 und 111: Untersuchungen an elektrisch und mit Dampf betriebenen Fördermaschinen.

Heft 112: E. Heyn und O. Bauer: Untersuchung eines gerissenen Flammrohrschusses. R. Baumann: Versuche mit Aluminium, geschweißt und ungeschweißt, bei gewöhnlicher und bei höherer Temperatur.

Heft 113: Walther: Versuche über den Arbeitsbedarf und die Widerstände beim Blechbiegen.

Bezugsbedingungen:

Preis des Heftes 1 Mk;

zu beziehen durch Julius Springer, Berlin W. 9, Linkstr. 23/24;

für Lehrer und Schüler technischer Schulen 50 Pfg,

zu beziehen gegen Voreinsendung des Betrages vom Verein deutscher Ingenieure, Berlin **N.W. 7,** Charlottenstraße 43.

Mitteilungen

über

Forschungsarbeiten

auf dem Gebiete des Ingenieurwesens

insbesondere aus den Laboratorien
der technischen Hochschulen

herausgegeben vom

Verein deutscher Ingenieure

Heft 114.

Berlin 1912

Springer-Verlag Berlin Heidelberg GmbH

ISBN 978-3-662-01687-9   ISBN 978-3-662-01982-5 (eBook)
DOI 10.1007/978-3-662-01982-5

Inhalt.

———

———

Versuche über die Strömungsvorgänge in erweiterten und verengten Kanälen.

Von Dipl.-Jng. **Heinrich Hochschild.**

Einleitung.

Die im Folgenden dargestellten Untersuchungen sollten zur Klärung der Strömungsvorgänge in erweiterten Kanälen beitragen, Vorgänge, wie sie bei Turbinenpumpen und Turbogebläsen in Frage kommen und für die Technik von großer Bedeutung sind. Anderseits sind derartige Untersuchungen nicht ohne theoretischen Wert, zumal im Vergleich mit den Vorgängen in verengten Kanälen, die demgemäß mit in den Bereich der Untersuchungen gezogen wurden. Als Versuchsplan wurden die Gedanken zugrunde gelegt, die Hr. Prof. L. Prandtl in seinen Studien über die strömende Bewegung von Gasen und Dämpfen über den Zusammenhang der Strömungserscheinungen mit der inneren Flüssigkeitsreibung entwickelt hat. Diese Gedanken sollen nach dem Manuskript, das mir Hr. Prof. Prandtl zur Verfügung gestellt hat, mit seinem Einverständnis hier wiedergegeben werden.

Gleiten zwei benachbarte Flüssigkeitsteilchen so übereinander weg, daß in der Entfernung dy ein Geschwindigkeitsunterschied dw herrscht, so entsteht dadurch in den Gleitflächen eine Schubspannung $\tau = k\,\dfrac{dw}{dy}$. Die Größe k heißt Koeffizient der inneren Reibung oder auch Zähigkeit kurzweg.

Bei den technisch wichtigen Flüssigkeiten, wie Wasser und Luft, ist die Zähigkeit zwar sehr gering; trotzdem zeigen die Versuche, daß die Reibung nicht vernachlässigt werden darf, da nur in seltenen Fällen die Erfahrung die Theorie der reibungslosen Flüssigkeit bestätigt. Ist der Einfluß der inneren Reibung in der freien Flüssigkeit verschwindend, so kommt er doch an den festen Wänden in Betracht, wo ein schroffer Uebergang der Geschwindigkeit auf null stattfindet, um so schroffer, je geringer die Zähigkeit ist.

Die Reibungsvorgänge in den »Grenzschichten« haben sich als die Quelle der meisten hydraulischen Verluste erwiesen. Die bekannte Beobachtung, daß sich der Flüssigkeitstrom in stark erweiterten Kanälen oder auf der Rückseite eines der Strömung entgegenstehenden Körpers ablöst, findet im Folgenden seine Erklärung: Ueberall, wo die freie Strömung neben den Grenzschichten verzögert wird, greifen auch die verzögernden Kräfte an den Teilchen der Grenzschicht an, die durch die Reibung schon einen Teil ihrer lebendigen Kraft eingebüßt haben. Die verzögernden Kräfte (Anstieg des Flüssigkeitsdruckes z. B.) bringen die Teilchen zum Stillstand und Umkehren, während die freie Flüssigkeit weiter strebt. Es lösen sich Teilchen der Grenzschicht ab, bilden Wirbel, die die ganze Strömung wesentlich beeinflussen. Bei starker Verzögerung tritt ein Ablösen der ganzen Strömung von der Wandung auf.

Bei gleichförmiger Geschwindigkeit scheint sich die Grenzschicht im labilen Zustand zu befinden, da auch hier Wirbelbildung beobachtet wird.

Bei genügend stark beschleunigter Bewegung ist nichts dergleichen zu erwarten, da die Teilchen, die eine Geschwindigkeitseinbuße erlitten haben, durch die beschleunigenden Kräfte doch immer wieder in der Strömungsrichtung in Bewegung gesetzt werden. Es werden also die an den Kanalwänden entstehenden Verluste bei beschleunigter Bewegung kleiner ausfallen als bei gleichförmiger Bewegung, und diese wieder kleiner als bei verzögerter.

Die Versuche wurden im Institut für angewandte Mechanik der Universität Göttingen mit Unterstützung des Vereines deutscher Ingenieure durchgeführt.

Ich möchte an dieser Stelle dem Vereine deutscher Ingenieure für die Gewährung der erforderlichen Mittel meinen Dank aussprechen.

Zu aufrichtigem Danke bin ich Hrn. Prof. Prandtl verpflichtet, der mir die Bearbeitung der Aufgabe übertrug, mit größtem Interesse das Fortschreiten der Arbeit verfolgte und mir jederzeit wohlwollende Unterstützung zuteil werden ließ.

I) Die Versuchseinrichtung.

a) Das Versuchsgerät.

Das Versuchsgerät sollte es ermöglichen, an jedem Punkte der oberen Fläche eines Kanales den Flüssigkeitsdruck und an jedem Punkte des Querschnittes die nutzbare Energie zu messen. Dies wurde durch folgende Anordnung erreicht. Der zu untersuchende Kanal wird aus zwei auswechselbaren Seitenteilen (Wangen) W, Fig. 1 bis 11, der Zunge Z und der Deckplatte D gebildet. Mit Hülfe eines Schraubenantriebes S[1]) kann der Kanal gegen die obere Deckplatte verschoben werden.

Für die Messungen wird die Zunge mit den aufgesetzten Seitenteilen in die Vorrichtung von vorn eingeschoben. Um einen Spalt zwischen der oberen Fläche der Wangen und der Deckplatte zu verhindern, werden Papierblätter unter die Wangen gelegt. Der Kanal wird dann mit Hülfe einer Lampe durchleuchtet und mit kleinen Blechsonden C abgetastet (Blechstärke 0,06 mm), Fig. 10 und 11.

Ein kleines mit dem Antrieb gekuppeltes Zeigerwerk a, Fig. 12, macht die Stellung des Kanales nach außen hin kenntlich. In der Deckplatte D sind die Meßvorrichtungen angeordnet. Sie bestehen aus einer drehbaren Scheibe b mit einer feinen Oeffnung O nahe dem Rande, wodurch sämtliche Punkte der Deckfläche erreicht werden können. Eine Reihe früherer, von andrer Seite ausgeführter Messungen[2]) hat ergeben, daß die Größe der Oeffnung ohne Einfluß auf das Meßergebnis ist; wesentlich ist eine gute Abrundung der Oeffnung. Ein Kupferrohr c führt durch eine Manometerumschaltvorrichtung d zum Manometer.

Eine zweite Meßvorrichtung ist ein rechtwinklig gebogenes Röhrchen R, Fig. 13 und 14, das der Strömung entgegensteht. Es kann durch das Gewinde g gehoben und gesenkt und in dem Kegel K, Fig. 2, geschwenkt werden, erreicht also jeden Punkt des Querschnittes. Es ist aus drei miteinander hart verlöte-

---

[1]) Als **Baustoff** gelangte für die Zunge, die Wangen und die Spindel des Schraubenantriebes Deltametall zur Verwendung. Die übrigen Teile wurden aus Gelbguß angefertigt.

[2]) **Karl Büchner, Zur Frage der Lavalschen Turbinendüsen.** Mitteilungen über Forschungsarbeiten Heft 18 S. 89 ff.

ten Stahlröhrchen *a*, *b*, *c* hergestellt. Auf das äußerste Röhrchen wurde das Gewinde *g* hart aufgelötet, und unterhalb des Gewindes wurde es zwecks Führung vierkantig ausgeschmiedet. In das Röhrchen *c* wurde das eigentliche Meßröhrchen, das auswechselbar sein mußte, weich eingelötet. Zur Versteifung dienten zwei hart angelötete Winkel *e*, *f*, die außerdem den Vorteil hatten,

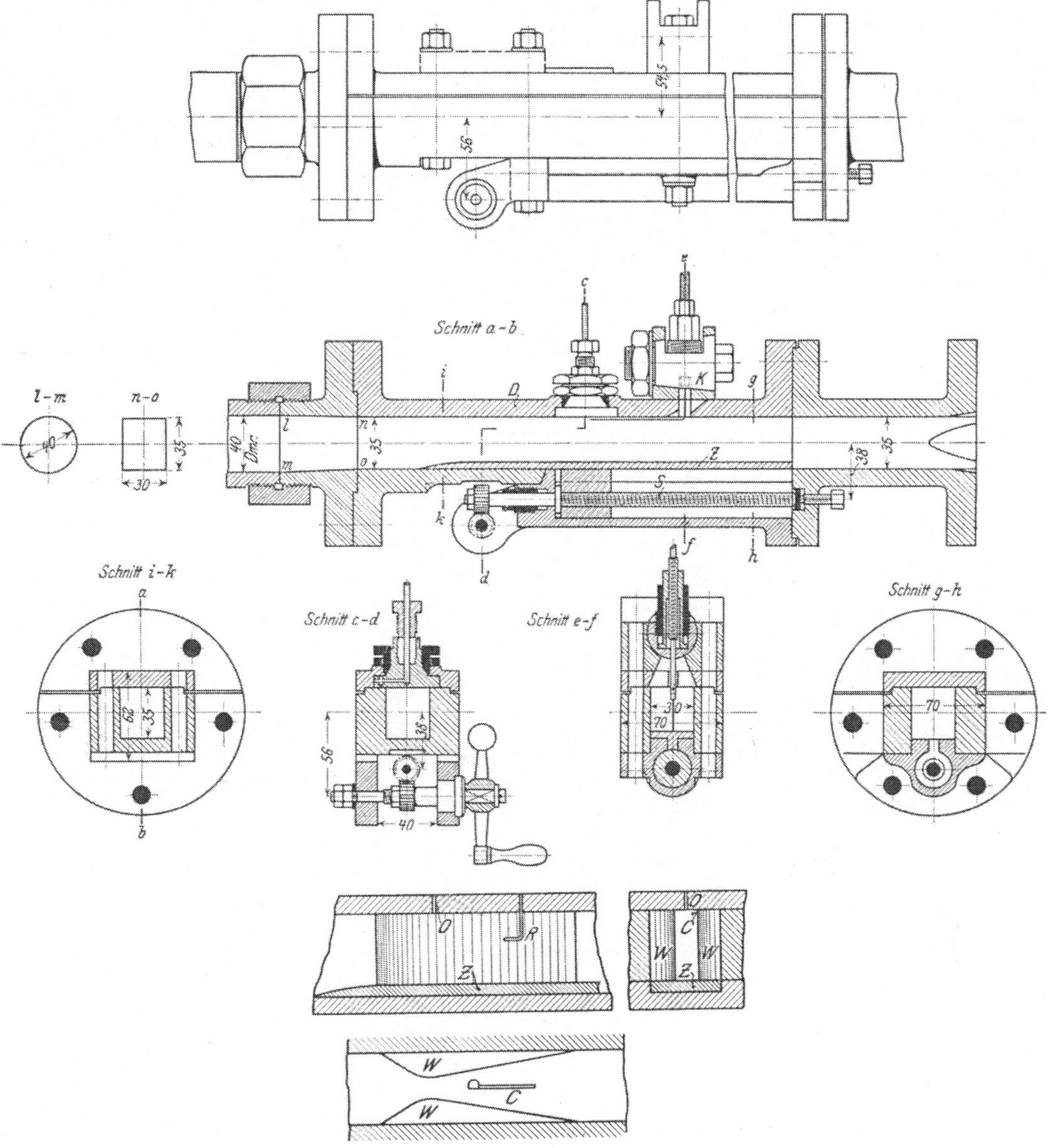

Fig. 1 bis 11.

einen guten Strömungsverlauf zu sichern. Um für die Untersuchung der Punkte an der Wandung ein gutes Anliegen zu ermöglichen, wurde das ganze an den Seiten zugeschärft. Bei der Wahl der Länge des wagerechten Teiles kommen zwei Gesichtspunkte in Frage. Es ist von Vorteil, die Länge groß zu wählen, um den Einfluß der Störungen auf die Mündung gering zu halten, die notwendigerweise an der Ausführungsstelle des Röhrchens entstehen. Anderseits wird aber die

Beanspruchung auf Festigkeit mit zunehmender Länge wesentlich ungünstiger. Auch ist das Röhrchen bei geringerer Länge den schwingungserregenden Angriffen besser gewachsen. Aus diesen Gesichtspunkten wurde eine Länge von 20 mm gewählt.

Um die Stellung des Röhrchens jederzeit zu erkennen, war oberhalb des Gewindes ein dreispitziger Zeiger e, Fig. 12, angeklemmt, dessen mittelste Spitze dazu diente, die Koordinaten des Röhrchens anzuzeigen, während die beiden andern eine gute Prüfung der Richtung desRöhrchens gestatteten. Die Meßöffnung wie auch das Meßröhrchen haben sich während der ganzen Zeit durchaus bewährt und zu Beanstandungen keinerlei Anlaß gegeben.

Fig. 12.

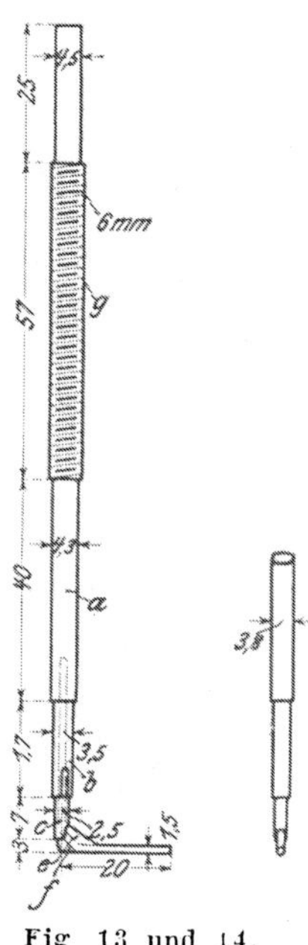

Fig 13 und 14.

Zur Dichtung der Vorrichtung genügte ein dünnes Blatt Guttapercha, das auf die mittels der Lötlampe auf rd. 60° erwärmten Dichtungsflächen gebracht wurde.

Das Gerät trägt auf der Deckplatte noch ein Manometer, das den Druck vom Vakuum bis 10 kg/qcm absolut anzeigte. Es wurde durch Vergleich mit dem Quecksilbermanometer und dem Vakuometer des Instituts geeicht und gestattete eine Ablesung auf 0,01 kg/qcm unter Schätzung der Hundertstel.

b) Die übrigen Versuchseinrichtungen.

Aus einem unter dem Fußboden des Maschinensaales befindlichen Behälter B, Fig. 17, wird das Wasser von einer Differentialpumpe angesaugt, Fig. 15. Die Differentialpumpe ist von gleicher Anordnung wie die des Maschinenlaboratoriums der Königl. Technischen Hochschule Hannover, die von Prof. Frese beschrieben worden ist [1]). Sie hat auswechselbare Kolben von verschiedenem Durchmesser, außerdem kann die Größe des Hubes verändert werden. Die Umlaufzahl der Pumpe ist in weiten Grenzen durch Aenderung der Umlaufzahl des elektrischen Antriebmotors regelbar. Während der Versuche konnten mit Hülfe eines feinen Erregerwiderstandes W die Wirkungen kleinerer Spannungsschwankungen des elektrischen Leitungsnetzes ausgeglichen werden. Um eine gleichförmige Wasserlieferung zu erhalten, wurden die Versuche bei einer Umlaufzahl der Pumpe $n = 100$ bis 130 durchgeführt. Die Höchstlieferung der Pumpe betrug 7,5 ltr ltr/sk.

Fig. 15.

Von der Pumpe aus fließt das Wasser durch die Druckleitung L_1 einem Windkessel von 2 cbm Inhalt, 1 m Dmr. und 2,5 m Höhe zu. Zwei Wasserstandsrohre lassen die Höhe des Wasserstandes erkennen, die diesen entsprechenden Wassermengen sind durch Entleeren des Kessels und Wägung des ausfließenden Wassers bestimmt worden.

Von der Druckleitung ist eine Rohrleitung U abgezweigt, die unmittelbar nach dem Behälter zurückführt. Mit Hülfe eines Ventiles V_1 in dieser Umlaufleitung kann die durch den Versuchskanal fließende Wassermenge eingestellt werden. Ein kleines Abflußrohr mit Ventil V_2, das unten am Kessel angebracht wurde, dient zur Feinregelung der Liefermenge.

---

[1]) F. Frese, Das Ingenieurlaboratorium der Königl. Technischen Hochschule zu Hannover. Zeitschrift des Vereines deutscher Ingenieure 1900 S. 201 u. f.

Um zu vermeiden, daß das Wasser in stark wirbelnder Bewegung in den Kessel eintritt, wurde das Zuleitungsrohr mit einem Rohrbündel und einer Brause versehen.

Durch einen an andrer Stelle[1]) beschriebenen Hahn H, Fig. 16, von 40 mm Bohrung strömt das Wasser vom Kessel aus durch ein Uebergangstück K_1, das

Fig. 16.

Fig. 17.

den runden Querschnitt des Hahnes in den rechteckigen des Apparates vermittelt. An dem Uebergangstück ist der Versuchskanal befestigt. Es ist darauf Wert gelegt, daß an keiner Stelle der Querschnitt erweitert wird, oder daß Störungen des Strömungsverlaufes durch plötzliche Querschnittänderungen und

---

[1]) Ernst Magin, Optische Untersuchung über den Ausfluß von Luft durch eine Lavaldüse. Mitteilungen über Forschungsarbeiten Heft 62 S. 4.

schroffe Uebergänge auftreten können. Auf diese Weise, wie auch durch sorg-
fältige Bearbeitung des Hahnes wird eine störungsfreie Wasserzuströmung ge-
währleistet. Hinter dem Kanal durchfließt das Wasser ein zweites Uebergangstück K_2, das zur Aufnahme der vorgeschobenen Zunge dient, einen Absperrschieber S mit einem kleinen Umlaufventil V_2 zur Feineinstellung der Drosselung. Durch eine Rohrleitung L_2 wird das Wasser einem mit geeichten Boden-
mündungen versehenen Meßbottich M, Fig. 17, zugeführt und fließt von hier
aus in den Behälter B zurück. Das Ende der Rohrleitung wurde ebenfalls mit
Sieben versehen, wie auch die Ausflußöffnungen des Meßbottiches von einem
großen Siebe umgeben sind, das die leicht eintretende Trichterbildung zurück-
drängt.

c) Der Meßbottich und seine Eichung.

Der Meßbottich, Fig. 17, hat zwei kreisförmige Bodenöffnungen von $f = 16{,}36$
und 26,54 qcm Fläche. Die ausfließende Wassermenge ist der Wurzel aus der
Spiegelhöhe proportional. Solange die Zuflußmenge von der Abflußmenge ver-
schieden ist, ändert sich die Spiegelhöhe, ihr entsprechend die Ausflußmenge, bis
schließlich der Spiegel sich auf gleichbleibende Höhe einstellt und die Abflußmenge gleich der Zuflußmenge ist. Mit Hülfe eines Fernrohres F, Fig. 16,
konnte vom Meßkanal aus die Spiegelhöhe h an einem Maßstab Z, Fig. 17,
durch Beobachten einer Schwimmermarke abgelesen werden. Es mußte noch
die Spiegelhöhe durch Eichung mit der Ausflußmenge in Beziehung gesetzt
werden. Dies geschah in der Weise, daß zunächst am Bottich ein Ausfluß-
versuch vorgenommen wurde, d. h. die Spiegelsenkung und die zugehörige
Ausflußzeit gemessen wurden.

Fließt in der Zeit dt die Menge $V = \mu v f\, dt$ aus (wobei v die Geschwindigkeit, μ der Kontraktionskoeffizient ist), so entspricht dies der Absenkung
einer Wassermenge $F\, dh$.

Es ist also

$$\mu v f\, dt = - F\, dh \ \ldots \ldots \ldots \ldots \ (1),$$

nun ist

$$v = \sqrt{2\,g\,(h - a)} \ \ldots \ldots \ldots \ldots \ (2),$$

wobei h die Höhe auf dem Maßstabe abgelesen, und a die wirkliche Höhe der
Bodenmündung über dem Nullpunkt des Maßstabes ist, also

$$\frac{\mu\, f \sqrt{2\,g}\, dt}{F} = - \frac{dh}{\sqrt{h - a}},$$

hieraus folgt für die Zeit t des Absinkens von h_0 auf h

$$t = \frac{2\,F}{\mu\, f \sqrt{2\,g}} \left(\sqrt{h_0 - a} - \sqrt{h - a} \right).$$

Bezeichnet man zur Vereinfachung $\dfrac{2\,F}{\mu\, f \sqrt{2\,g}}$ mit A, so erhält man

$$(t - A \sqrt{h_0 - a})^2 = A^2\,(h - a)$$

oder in abgekürzter Schreibweise die Gleichung der Ausflußparabel

$$(t + \alpha)^2 = \beta\,(h - a).$$

Diese Parabel wurde durch Versuch in der oben angegebenen Weise bestimmt, und es ergaben sich für mehrere Beobachtungen (je 3 für jede Oeffnung und beide zusammen) keine Abweichungen. (Genauigkeit bis 0,1 vH.)

Aus diesen Parabeln wurde durch Auftragen der zweiten Differenzen $\frac{\Delta^2 h}{\Delta t^2} = \text{rd.}\ \frac{d^2 h}{d t^2} = \frac{2}{\beta}$, die Größe von $\frac{2}{\beta}$ bestimmt.

Konstruiert man hieraus die Parabel: $t^2 = \beta\, h$, die durch geeignete Koordinatenverschiebung aus der obigen Parabel hervorgeht, so kann man die Höhe a der Bodenmündung in der Weise einfach ermitteln, daß man diese berechnete Parabel mit der gemessenen zur Deckung bringt.

Setzt man $h - a = h_w$ und stellt den Maßstab entsprechend ein, daß er die wirklichen Höhen über der Bodenmündung anzeigt, so ist

$$ t = A \left(\sqrt{h_{0w}} - \sqrt{h_w} \right). $$

Setzt man $h_w = 0$, so ist

$$ t = A \sqrt{h_{0w}} = \sqrt{\beta\, h_{0w}}, $$

hieraus folgt

$$ A = \beta^2 = \frac{2\,F}{\mu f \sqrt{2\,g}}, $$

so folgt für μ

$$ \mu = \frac{F}{f\, 2\, \sqrt{2\,g}} \left(\frac{2}{\beta} \right)^2. $$

$\frac{2}{\beta}$ ist durch die Messung bestimmt worden, die Größe von f ergab sich durch Ausmessen, die von F durch Auffüllen abgewogener Wassermengen.

Für die sekundliche Wassermenge folgt:

$$ Q = \frac{\Delta v}{\Delta t} = - F \frac{d h}{d t} = f \mu \sqrt{2\,g\,h_w} = \left(\frac{2}{\beta} \right)^2 \frac{F}{f\, 2\, \sqrt{2\,g}}\, f \sqrt{2\,g\,h_w} = \left(\frac{2}{\beta} \right)^2 \frac{F}{2} \sqrt{h_w}. $$

d) Das Differenzmanometer.

Mit Hülfe des Meßbottichs konnte wohl eine genaue Bestimmung der Durchflußmenge durchgeführt werden, jedoch war es nicht möglich, geringere

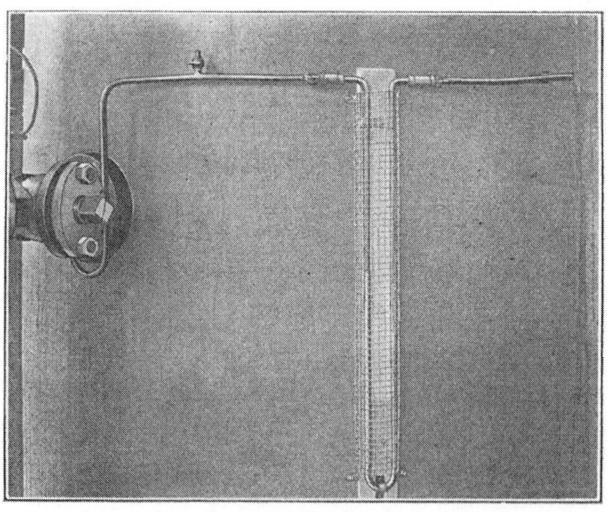

Fig. 18.

vorübergehende Schwankungen wahrzunehmen. Es handelte sich also darum, ein Meßgerät zu finden, das jede Schwankung sofort zu erkennen gab. Ein solches bot sich in der Verwendung eines Quecksilbermanometers, Fig. 18. Der eine Schenkel führte zu einer Bohrung im Hahnkörper, während der andre mit einer Bohrung in der Kesselwandung in Verbindung stand. Der Höhenunterschied der Quecksilberspiegel gab also den Druckabfall vom Kessel nach dem Einströmkanal an und war somit dem Quadrat der Durchflußmenge proportional. Dieses Gerät hat sich vorzüglich bewährt und ermöglichte erst eine genaue Durchführung der Versuche.

II) Die Durchführung der Versuche.

a) Allgemeines.

Die Versuche wurden folgendermaßen durchgeführt. Bei geschlossenem Kesselhahn *H*, Fig 19, wurde der mit besonderm Manometer versehene Versuchskessel bis zum gewünschten Druck aufgepumpt. Gleichzeitig wurde durch das Schnüffelventil der Pumpe der Windkessel der Pumpe mit Luft aufgefüllt. War der gewünschte Druck erreicht, so wurde der Hahn geöffnet und aus

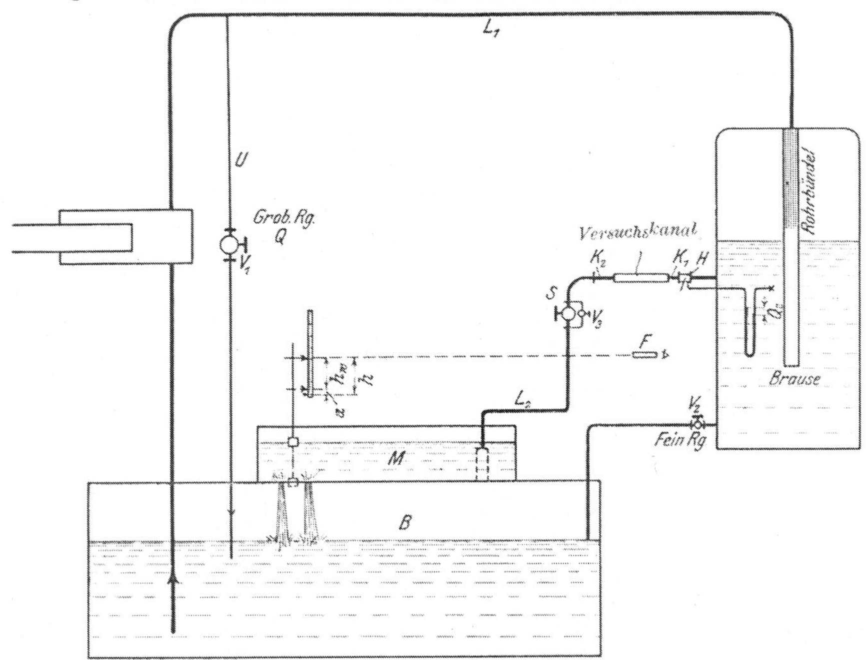

Fig. 19. Schema der Versuchsanordnung.

der sich einstellenden Quecksilberhöhe im Differenzmanometer die durchfließende Wassermenge bestimmt. Um diese nun einzustellen, wurde das große Umlaufventil *U* in der Druckleitung entsprechend geöffnet und gleichzeitig der Absperrschieber *S* hinter dem Kanal so eingestellt, daß bei der gewünschten Durchflußmenge auch der Kesseldruck sich unverändert auf der beabsichtigten Höhe hielt. Die Feineinstellung erfolgte durch geeignete Betätigung des kleinen Umlaufventiles am Absperrschieber V_3, des am Kessel unten angebrachten Ventiles V_2 und durch Aenderung der Umlaufzahl des Elektromotors mit Hülfe des feinen Erregerwiderstandes. Sodann wurde der Wasserspiegel im Meßbottich durch Verschließen der Ausflußöffnungen auf die ungefähr zu erwartende Höhe gebracht.

Bis zur Erreichung des vollkommenen Beharrungszustandes verstrichen etwa weitere 10 bis 15 Minuten.

Die Messung wurde in der Weise durchgeführt, daß der zu untersuchende Kanal mittels des Schraubentriebes von cm zu cm verschoben wurde. Beim Verschieben machten sich Aenderungen in der Drosselung hinter dem Kanal in der Einstellung des Differenzmanometers und des Kesselmanometers bemerkbar, die leicht durch Verstellen des kleinen Umlaufventiles beseitigt werden konnten. Für jede Stellung wurde beim Beobachten des Flüssigkeitsdruckes die Kreisscheibe an die zu untersuchenden Punkte über die Breite des Kanales gedreht oder bei der Untersuchung mittels des Röhrchens dieses in dem Kegel über die Breite des Kanales geschwenkt, seine Höhe jedoch während des Versuches unverändert gehalten. Für die genaue Untersuchung des Flüssigkeitsdruckes wurde, um etwaige Störungen an der Ausführungsstelle zu vermeiden, das Röhrchen herausgenommen und die Stelle mit einer vorgelöteten kleinen Platte verschlossen.

b) Die Abmessungen, Orientierung und Bezeichnungen.

Zur Bestimmung der Abmessungen des Kanales wurde nach beendigtem Versuch die Zunge mit beiden Wangen herausgenommen und die Höhen durch Ausmessung festgestellt. Dies geschah mit Hülfe einer kombinierten Schublehre und Mikrometerschraube, die vor Gebrauch auf Kalibern eingestellt wurde. Die Genauigkeit der Bestimmung betrug etwa ± 0,01 mm. Die Ermittlung der Breiten wurde mit der gleichen Lehre an Gipsabgüssen, Fig. 20, vorgenommen·

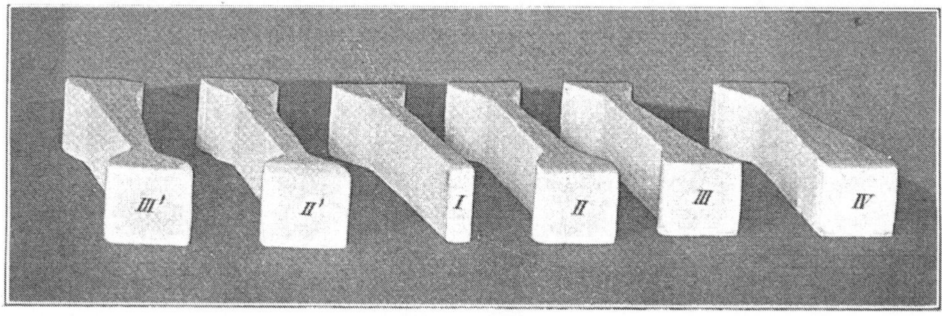

Fig. 20.

Es wurde hierzu feiner Modelliergips verwendet, der Kanal vorher mit feinstem Knochenöl ausgewischt, das sich in kapillarer Schicht über die Oberfläche verbreitete. Nach dem Erhärten des Gipses wurden die Befestigungsschrauben der Wangen gelöst, und der Abguß konnte abgenommen und ausgemessen werden. Die Unterseite der Abgüsse zeigte den Abdruck der drei Befestigungsschrauben der Zunge, und dieser wurde dazu benutzt, die Abgüsse auf ein gemeinsames Koordinatensystem zu beziehen. Der Anfangspunkt dieses Systems wurde auf der Oberfläche der Zunge in der Symmetrieachse angenommen, und zwar an der Stelle, an der die verengte Einströmung des Kanales beginnt. Von hier aus wurde die Länge l in der Strömungsrichtung positiv gerechnet, die Breite b von der Symmetrieachse aus nach rechts negativ, links positiv, die Höhe h senkrecht nach oben.

Die Bezeichnung der Kanäle erfolgte mit römischen Ziffern (I bis IV), und zwar ist der parallele Kanal mit I, der am stärksten (in der Strömungsrichtung) erweiterte mit IV bezeichnet, Fig. 21. Sind die Kanäle in umgekehrter Richtung (verengt) verwendet, so führen sie als Bezeichnung außer der Zahl den Index »'«.

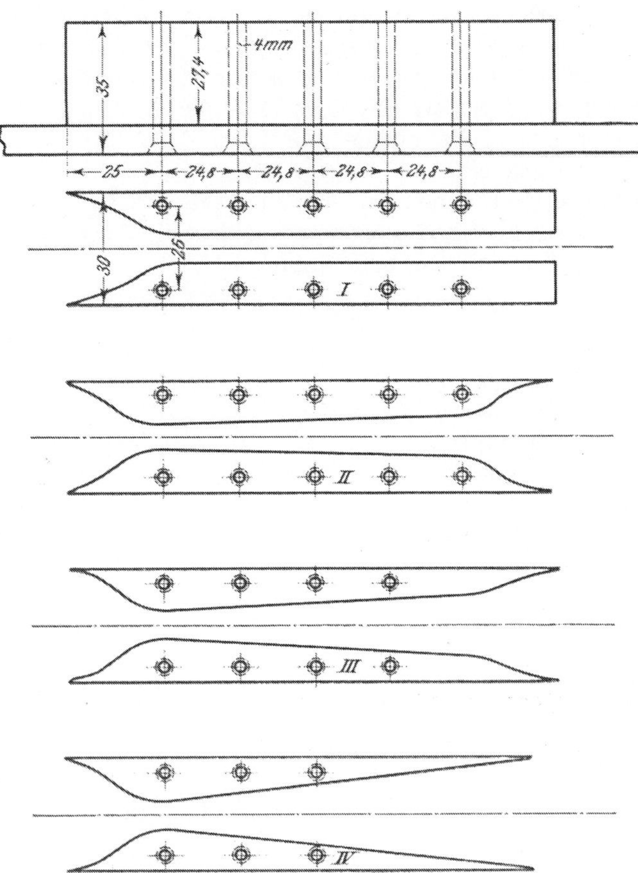

Fig. 21. Abmessungen der Kanäle.

c) Die Versuche.

Die Verteilung des Flüssigkeitsdruckes über die obere Fläche der Kanäle wurde für eine bestimmte Wassermenge mit Hülfe der Kreisscheibe für die erweiterten Kanäle gemessen.

In einer weiteren Reihe von Messungen wurde für verschiedene Wassermengen der Verlauf des Flüssigkeitsdruckes längs der Mittellinie der Deckfläche in den verengten und erweiterten Kanälen ermittelt. Hierbei wurden die Abhängigkeit des Vorganges vom Anfangsdruck und der Einfluß der im Wasser gelösten Luft untersucht.

Die letzte Gruppe von Messungen bezieht sich auf Untersuchung des Strömungsverlaufes mit Hülfe des der Strömung entgegenstehenden Röhrchens. Der Druck auf die Mündung eines solchen Röhrchens, dessen Achse in der Stromrichtung und dessen Mündungsebene senkrecht dazu liegt, ist der Summe der Druckhöhe und der Geschwindigkeitshöhe an der betreffenden Stelle gleich.

III) Die Bearbeitung des Zahlenmaterials.

Die Druckablesungen sind für die einzelnen Versuche in den Zahlentafeln in Hundertstel kg/qcm zusammengestellt. Der Barometerstand wurde für die Auswertung der Versuche nicht weiter berücksichtigt, da er während der Dauer eines Versuches unverändert blieb und es für die Auswertung der Versuche nur auf den Unterschied des Druckes zwischen zwei Stellen des Kanales ankam und nicht auf die wirkliche Höhe des Druckes selbst. Es wurde also der Druck der Atmosphäre gleich 1 kg/qcm angenommen und die Angaben der Zahlentafeln auf den so gewonnenen Nullpunkt des absoluten Druckes bezogen.

A) Druckverteilung über die obere Fläche der Kanäle.

Die Ergebnisse sind in den Zahlentafeln 1 bis 4 zusammengestellt; in den Fig. 22 bis 25 sind sie in der Weise verwertet, daß die Punkte gleichen Druckes durch Linienzüge (Isobaren) verbunden sind.

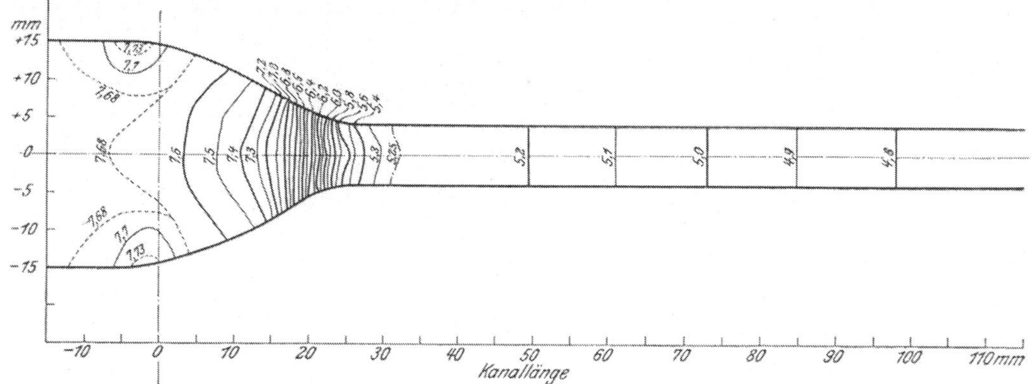

Fig. 22. Kanal I. Verteilung des statischen Druckes über die obere Fläche des Kanals (Isobaren).

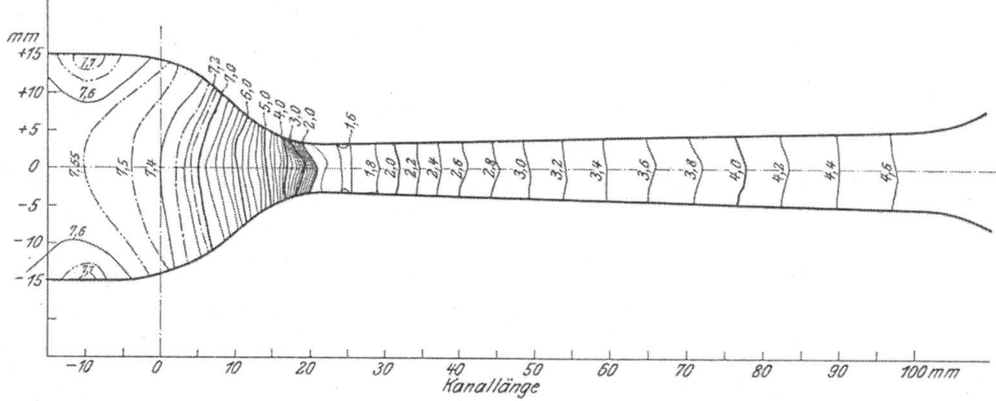

Fig. 23. Kanal II. Verteilung des statischen Druckes über die obere Fläche des Kanals (Isobaren).

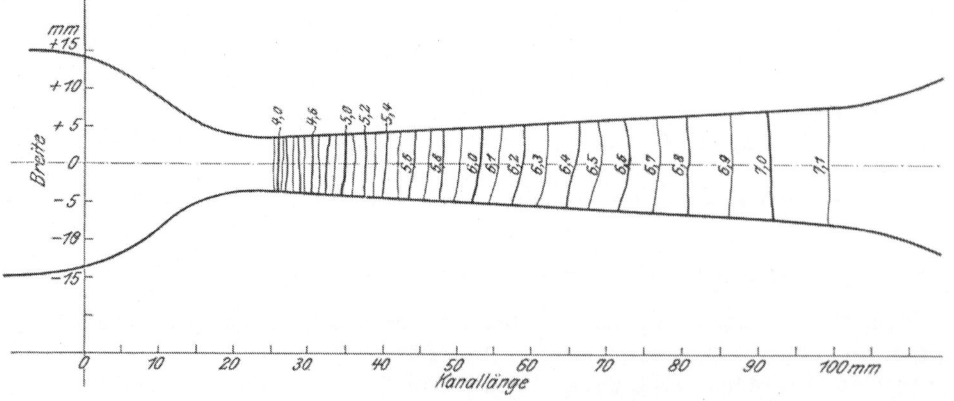

Fig. 24. Kanal III. Verteilung des statischen Druckes über die obere Fläche des Kanals (Isobaren).

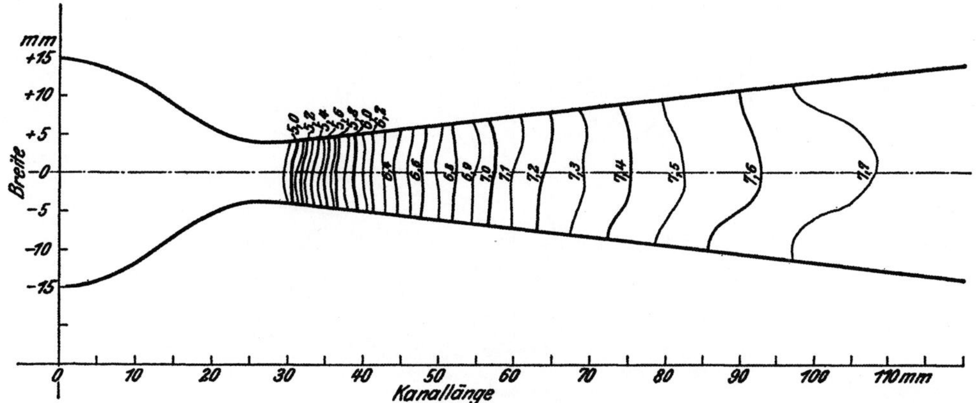

Fig. 25. Kanal IV. Verteilung des statischen Druckes über die obere Fläche des Kanals (Isobaren).

Ba) Verlauf des Flüssigkeitsdruckes längs der Symmetrielinie der Deckfläche des Kanales. Um zu untersuchen, inwieweit die Vorgänge bei einem bestimmten Druckgefälle im Versuchskanal von der absoluten Höhe des Anfangs- und Enddruckes abhängen, sind für verschiedene Höhen des Kesseldruckes, für mehrere Durchflußmengen die Flüssigkeitsdrücke in der Mittelachse der oberen Fläche bestimmt und die Ergebnisse in Zahlentafel 5 und in Fig. 26 veranschaulicht worden.

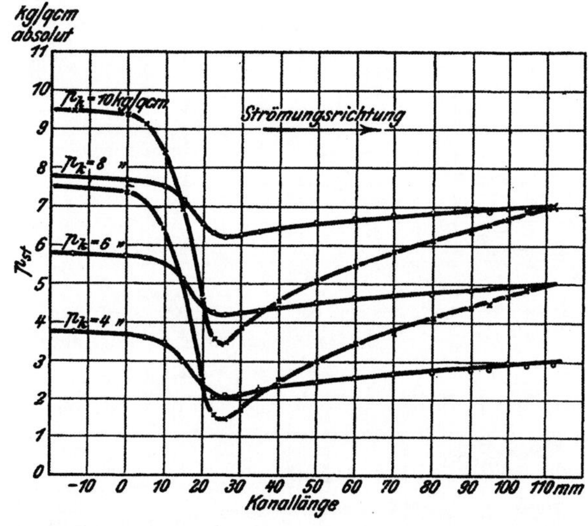

Fig. 26. Kanal II. Messung des statischen Druckes (p_{st}) bei verschiedenen Kesseldrücken (p_k).
(Zum Nachweis der Unabhängigkeit des Strömungsvorganges vom Anfangsdruck.)
o o o Durchflußmenge = 3,85 ltr/sk.   × × × Durchflußmenge = 6,85 ltr/sk.

Bb) Zahlentafel 6 und 7 und Fig. 27 und 28 stellen den Vorgang dar, falls der Druck an der engsten Stelle so weit erniedrigt wird, daß die im Wasser gelöste Luft entweicht.

Bc) Die Messung der Druckverteilung über die Symmetrieachse der oberen Fläche des Kanales wurde zur Bestimmung der Verluste in folgender Weise benutzt, Zahlentafel 8 bis 13, Fig. 29 bis 34:

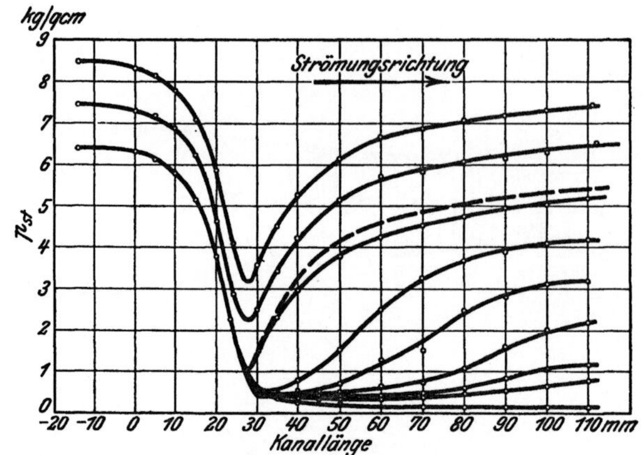

Fig. 27. Kanal IV. Messung des statischen Druckes bei gleich gehaltener Durchflußmenge und verschiedener Drosselung durch den Schieber hinter dem Kanal. Wassermenge = 7,37 ltr/sk.

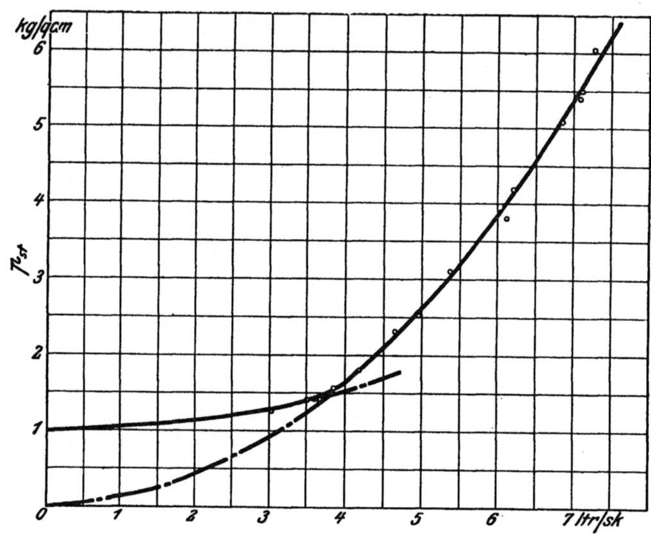

Fig. 28. Kanal IV. Größte Durchflußmengen bei verschiedenen statischen Drücken in der Einströmung (Stelle $l = -14$ mm) bei offenem Schieber hinter dem Kanal.

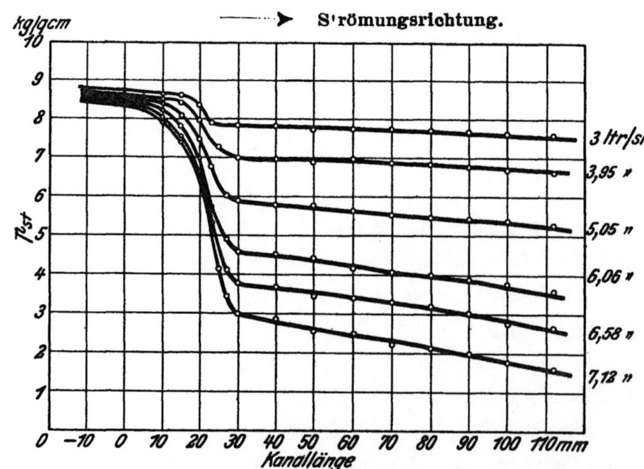

Fig. 29. Kanal I. Messung des statischen Druckes bei verschiedenen Durchflußmengen. Kesseldruck 9 kg/qcm.

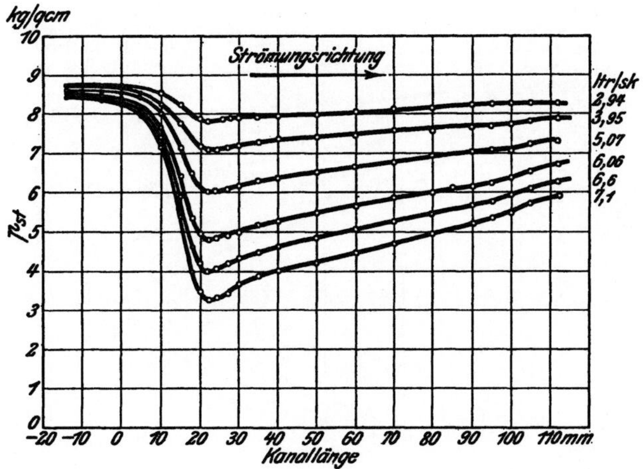

Fig. 30. Kanal II (erweitert). Messungen des statischen Druckes bei verschiedenen Durchflußmengen. Kesseldruck 9 kg/qcm.

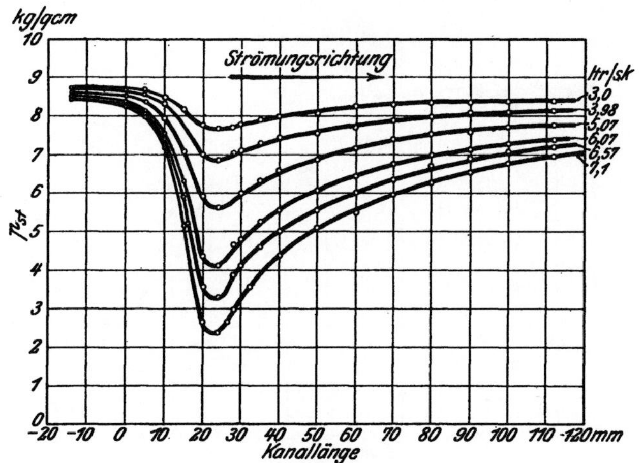

Fig. 31. Kanal III (erweitert). Messung des statischen Druckes bei verschiedenen Durchflußmengen. Kesseldruck 9 kg/qcm.

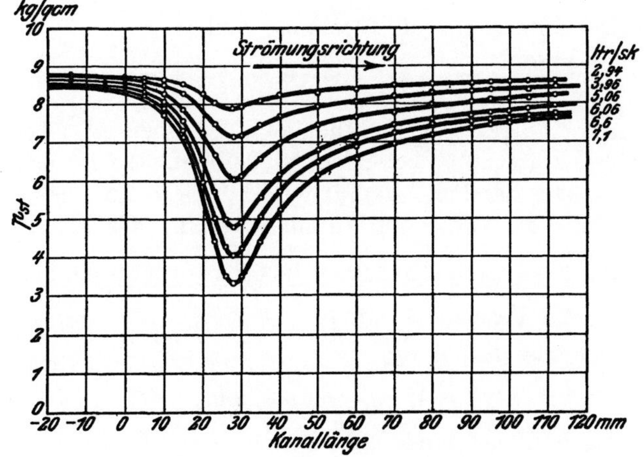

Fig. 32. Kanal IV (erweitert). Messung des statischen Druckes bei verschiedenen Durchflußmengen. Kesseldruck 9 kg/qcm.

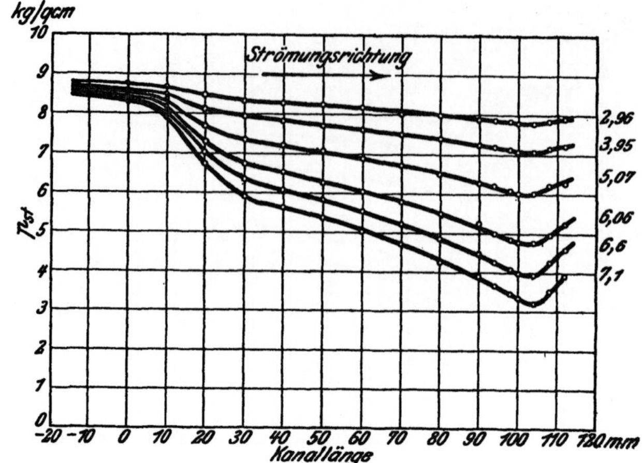

Fig. 33. Kanal II (verengt). Messung des statischen Druckes bei verschiedenen Durchflußmengen. Kesseldruck 9 kg/qcm.

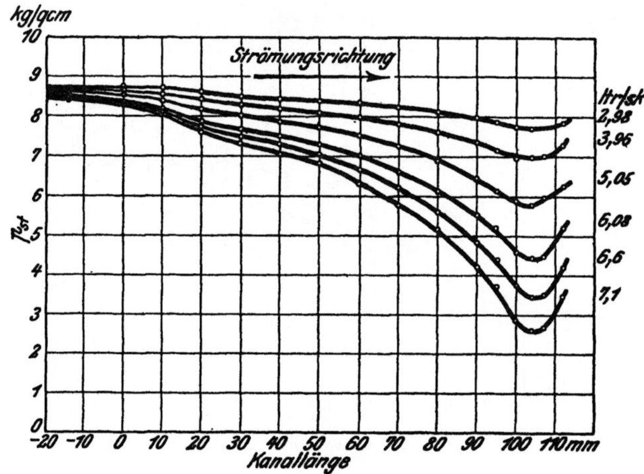

Fig. 34. Kanal III (verengt). Messung des statischen Druckes bei verschiedenen Durchflußmengen. Kesseldruck 9 kg/qcm.

Die Energiegleichung für die Strömung lautet:

$$\frac{\varrho\, v^2}{2} + p_{st} + g\,H + \Sigma\ \text{Verluste} = \text{konst,}$$

wobei v die Geschwindigkeit, ϱ die Dichte des Wassers, p_{st} (statischer Druck) der Flüssigkeitsdruck ist. gH das Potential der Schwere ist hier, da es sich um wagerechte Kanäle handelt, unveränderlich, kann also mit der Konstanten auf der rechten Seite der Gleichung zusammengefaßt werden.

$\frac{\varrho\, v^2}{2}$, die Geschwindigkeitshöhe (dynamischer Druck), ist für die Folge mit p_D bezeichnet und die Verluste Σ mit p_V.

Es ergibt sich die Beziehung

$$p_D + p_{st} + p_{Verl} = \text{konst.}$$

Die Größe p_{st} wird als Funktion der Länge durch den Versuch ermittelt. Der Geschwindigkeitsdruck p_D kann aus den Abmessungen der Kanäle berechnet werden.

Nimmt man an, was sowohl durch die Theorie[1]) gerechtfertigt erscheint, als auch durch die Versuche[2]) bestätigt wird, daß in dem geraden erweiterten Teile der Versuchskanäle der Druck derartig verteilt ist, daß die Isobaren Kreisbögen um den Schnitt der Verlängerungen der geraden Begrenzungsflächen sind, so ergibt sich der für die Strömung an einer beliebigen Stelle in Betracht kommende Querschnitt als Produkt des zugehörigen Kreisbogens mit der Kanalhöhe. Aus den in Zahlentafel 14 zusammengestellten Breiten s der Ka-

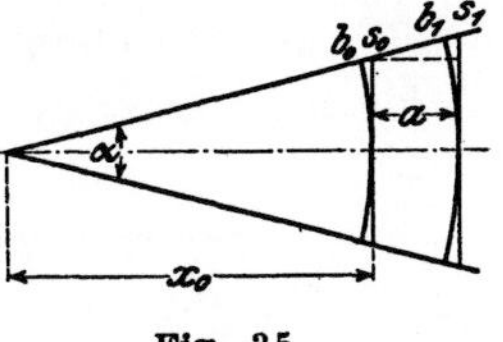

Fig. 35.

näle, von Zentimeter zu Zentimeter gemessen, ergibt sich der mittlere Winkel, unter dem die Kanalwände gegeneinander geneigt sind:

$$\operatorname{tg}\frac{\alpha}{2} = \frac{s_1 - s_0}{2\,a}\ (a = 1\ \text{cm}),\quad \alpha = \operatorname{arc\,tg}\frac{s_1 - s_0}{2\,a}\,,$$

aus α ergibt sich der Winkel im Bogenmaß zu $c = \dfrac{\pi\,\alpha}{180}$. Die Länge des Kreisbogens b_0 ergibt sich zu

$$b_0 = c x_0 = c\,\frac{a\,s_0}{s_1 - s_0},\ \text{da}\ (x_0 + a) : x_0 = s_1 : s_0,\ \text{Fig. 35,}$$

und die Durchflußfläche zu $F = b h$ (Zahlentafel 15).

Die Höhe war nicht vollkommen gleich, sie ändert sich von 27,34 bis 27,27 mm auf eine Länge von 125 mm. Für die verschiedenen Kanäle ergaben sich im übrigen übereinstimmende Werte.

Es ergibt sich die mittlere Geschwindigkeit v in m/sk zu

$$v = \frac{10\,Q^{\text{ltr/sk}}}{F^{\text{cm}^2}}\ (\text{Fig. 36}).$$

Die Geschwindigkeitshöhe p_D in kg/qcm zu

$$p_D = \frac{0{,}1\,v^{2\,\text{m}^2/\text{sk}^2}\,\gamma^{\text{kg/dm}^3}}{2\,g^{\text{m/sk}^2}}\,,$$

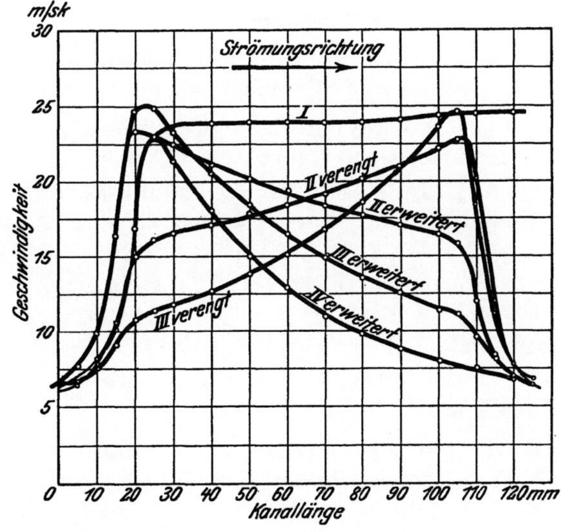

Fig. 36. Durchflußgeschwindigkeiten bei den verschiedenen Kanälen. Durchflußmenge 5 ltr/sk.

[1]) Vergl. Abschnitt V: Theoretisches zur Potentialströmung.
[2]) Vergl. S. 29.

wobei γ das Gewicht eines ltr Wasser $= 1$ kg/cdm und g die Gravitationskonstante $= 9{,}81$ m/sk².

Die Rechnung ist teils logarithmisch, teils mit der Rechenmaschine auf 5 Dezimalen durchgeführt. In der Zahlentafel 15 sind die Werte für v auf 2 Dezimalen abgerundet. Die Werte beziehen sich auf eine Durchflußmenge $Q = 5$ ltr/sk.

Die Geschwindigkeitshöhe ist dem Quadrate der Durchflußmenge proportional. Falls die Verluste ebenfalls der Geschwindigkeitshöhe proportional sind, so erhält man, wenn man den gemessenen Flüssigkeitsdruck p_{st} abhängig von dem Quadrate der Durchflußmenge für eine Stelle $x = l$ aufträgt, eine Gerade. Diese Art der Abhängigkeit der Verluste von der Geschwindigkeitshöhe ergibt sich in der Tat aus den Versuchen; als Beispiel diene Fig. 37. Aus der Lage der

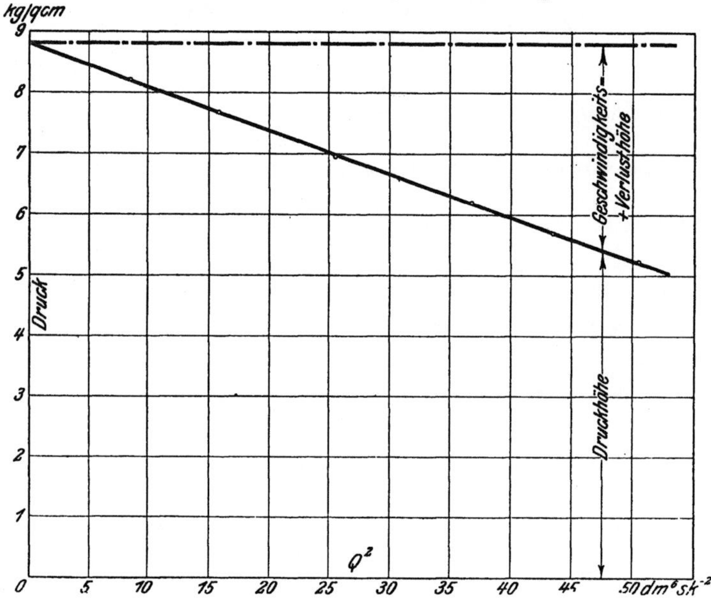

Fig. 37. Kanal IV. Druckhöhen an der Stelle 40 in Abhängigkeit vom Quadrat der Durchflußmenge.

Geraden für die Stelle $x = l$ wird der Flüssigkeitsdruck p_{st} für die Durchflußmenge 5 ltr/sk bestimmt; durch Subtraktion vom Anfangsdruck (Flüssigkeitsdruck für die Durchflußmenge 0) ergibt sich für die betreffende Stelle die Summe der gemessenen Geschwindigkeitshöhe und Verlusthöhe. Zur genauen Festlegung der Geraden sind Versuche für 2, 3, 4, 5, 6, 6,5, 7 ltr/sk durchgeführt worden.

Wird von der so erhaltenen Größe ($p_D + p_V$ gemessen) das berechnete p_D abgezogen, so erhält man die Verluste p_V. Die Verluste sind für den geraden Teil der Kanäle bestimmt und in Abhängigkeit von der Länge aufgetragen worden. Die Punkte wurden durch eine Kurve derart ausgeglichen, daß die Differenzenkurve einen glatten Verlauf aufwies.

Die Unterschiede für 1 cm Länge ergeben die Verluste auf 1 cm Kanallänge, Fig. 38. Hierbei ist noch zu berücksichtigen, daß bei der Messung die Lage des Kanales mittels des Schraubentriebes verändert wird, und zwar wurde bei sämtlichen Versuchen der Kanal der Strömungsrichtung entgegen verschoben, der Zuströmungskanal (von einem Querschnitt 30×35 mm [1]) daher entsprechend verkürzt,

---

[1] $z = \beta l \dfrac{u}{F} \dfrac{v^2}{2\,g}\,\gamma$; $4\,\beta = 0{,}012 + \dfrac{0{,}0018}{\sqrt{v\,d}}$.

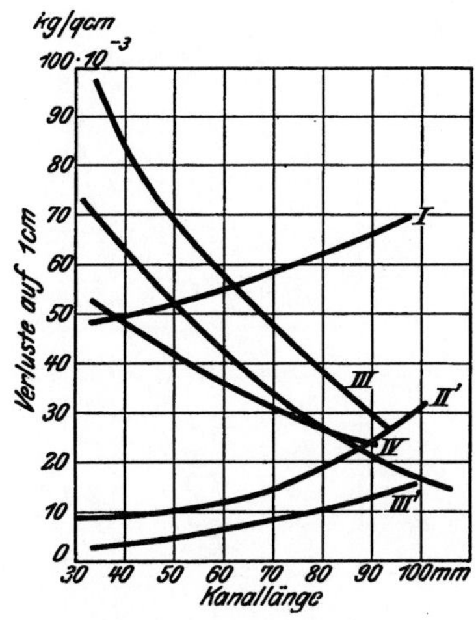

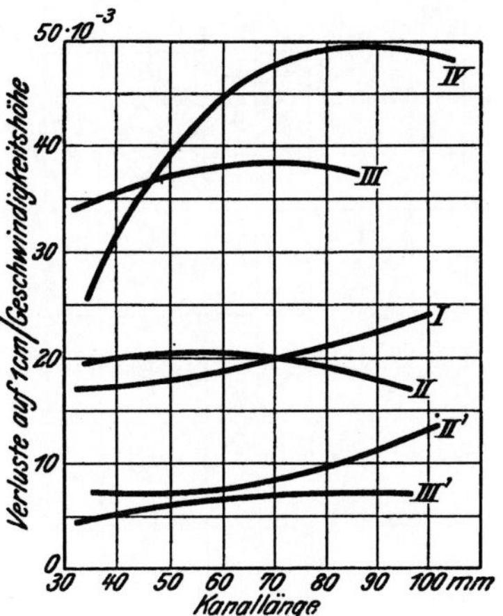

Verluste auf 1 cm Kanallänge (aufgetragen über den 0,5 cm). Die mit dem Index ' versehenen Kurven beziehen sich auf verengte Kanäle.

Verluste auf 1 cm Kanallänge/Geschwindigkeitshöhe.

Fig. 38 und 39.

Hierdurch werden die Verluste zu klein beobachtet, und es sind zu den Verlusten auf 1 cm Kanallänge noch die Verluste dieses Zuströmungsteiles zu addieren. Diese sind rechnerisch zu 0,00052 kg/qcm ermittelt worden.

Die Stelle 30 (Beginn des geradlinigen Teiles der Kanäle) wurde als Anfangspunkt für die zu untersuchende Strömung gesetzt, die Verluste von hier aus durch Addition der Verluste für 1 cm berechnet. Diese so ausgeglichenen Verluste wurden zur Bestimmung des Wirkungsgrades herangezogen. Durch diese Festsetzung ist bei den erweiterten Kanälen die verfügbare Energie durch die Geschwindigkeitshöhe an der Stelle 30 gegeben. Dieser Wert ist gleich 100 vH gesetzt, und in Fig. 40 und 41 sind, in Abhängigkeit von der Länge l des Kanales, Geschwindigkeitshöhe, Druckhöhe und Verluste in vH so aufgetragen, daß ihre Summe 100 ergibt:

$$p_D + p_{st} + p_V = \text{konst} = p_{D30} = 100 \text{ vH}; \quad p_{st30} = 0.$$

Für den parallelen Kanal ist, da keinerlei Umwandlung von statischer Energie in kinetische oder umgekehrt stattfindet, an jeder Stelle $p_{st} = 0$, $p_D + p_V = 100$ gesetzt, während bei den verengten Kanälen die Gesamtenergie durch die Geschwindigkeitshöhe am Ende des Kanales (Stelle 100) und der Summe der Verluste von der Stelle 30 bis zur Stelle 100 gegeben ist:

$$p_{st100} = 0; \quad p_{D100} + p_{V100} = \text{konst} = 100.$$

Für alle drei Fälle ist der Wirkungsgrad das Verhältnis der verfügbaren Energie zur Gesamtenergie und wird durch die Kurven $\text{konst} - p_V$ dargestellt.

In dieser prozentualen Auftragung lassen sich die verschiedenen Kanäle unmittelbar miteinander vergleichen, da ihre Abmessungen so gewählt sind, daß der engste Querschnitt für alle ungefähr gleich ist.

In Fig. 39 ist das Verhältnis: Verluste auf 1 cm Kanallänge zur Geschwindigkeitshöhe aufgetragen.

Um die Ergebnisse mit den Verhältnissen beim geraden Kanal vergleichen zu können, schließt sich die weitere Verarbeitung der Versuchsergebnisse an den üblichen Ansatz für die Verluste im geraden Kanal an, wobei diese pro-

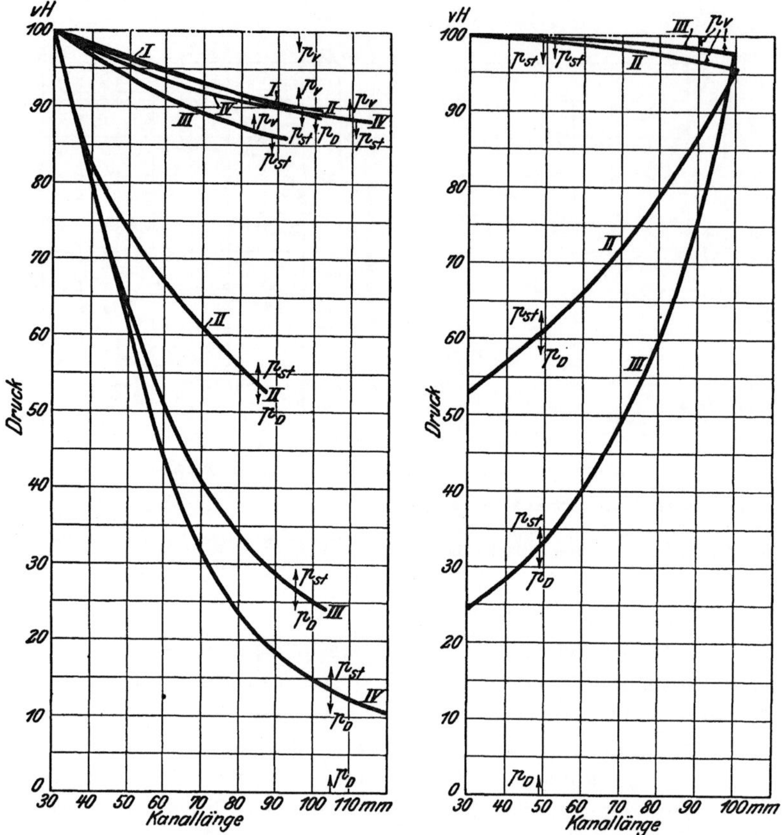

Drücke in vH beim parallelen und den erweiterten Kanälen.

Drücke in vH bei den verengten Kanälen.

p_{st} = Druckhöhe. p_D = Geschwindigkeitshöhe. p_r = Verlusthöhe.

Fig. 40 und 41.

portional der Länge, der Geschwindigkeitshöhe und dem Verhältnis: benetzter Umfang zum Querschnitt gesetzt werden.

Für den rechteckigen Querschnitt lautet die Formel in Differentialform:

$$dz = \frac{\gamma}{2g}\,\beta\,\frac{u}{F}\,v^2 dx \quad \ldots \ldots \ldots \ldots \quad (1),$$

nun ist $v = \dfrac{Q}{F}$, also

$$dz = \frac{\gamma}{2g}\,\beta\,\frac{u}{F^3}\,Q^2 dx \quad \ldots \ldots \ldots \ldots \quad (1a).$$

Für einen rechteckigen Kanal beliebiger Form erhält man für die Verluste durch Integration

$$\Delta z = z_2 - z_1 = \frac{\gamma}{2g}\,\beta Q^2 \int_{x_1}^{x_2} \frac{u}{F^3}\,dx \quad \ldots \ldots \ldots \quad (2).$$

Der Koeffizient β kann nur unter der Voraussetzung als konstant vor das Integralzeichen gesetzt werden, daß der Integrationsweg $x_1 - x_2$ klein genug gewählt ist. Es ist hier die Integration von Zentimeter zu Zentimeter durchgeführt und β als Funktion der Kanallänge dargestellt, Fig. 42.

Der Umfang für die Stelle x ist durch die Beziehung

$$u_x = 2h + 2xc$$

und der Querschnitt F durch $F_x = hxc$ gegeben.

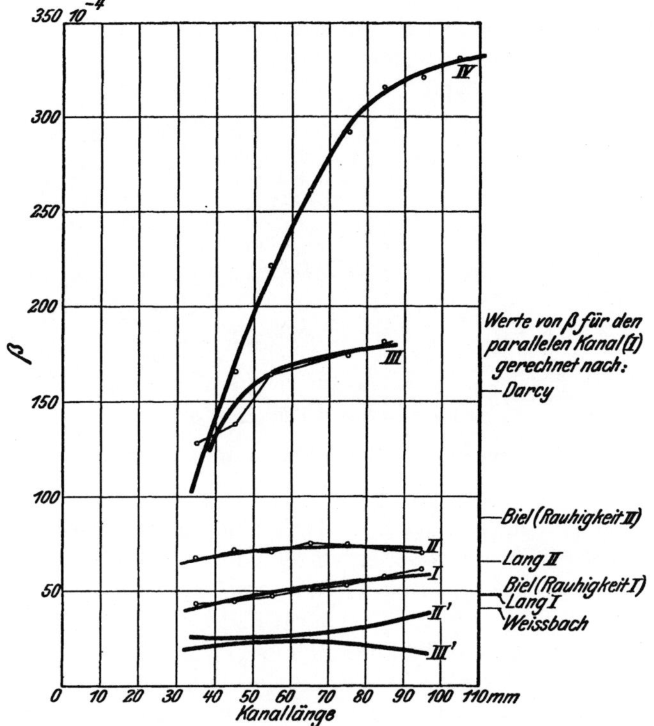

Fig. 42. Darstellung des Koeffizienten β aus der Beziehung $dp\,v = \dfrac{\gamma}{2\,g}\,\beta\,\dfrac{Q^2}{F^3}\,u\,dx$. Der Wert von β ist für je 1 cm Kanallänge bestimmt und über den 0,5 cm aufgetragen. Die mit Index $'$ versehenen Kurven beziehen sich auf verengte Kanäle.

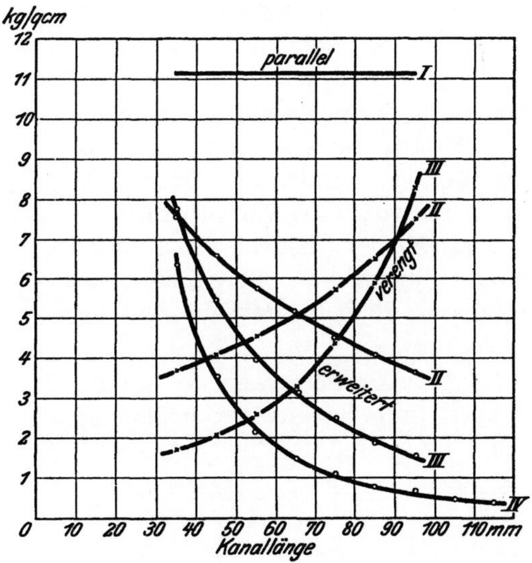

Fig. 43. Werte von $\dfrac{\gamma}{2\,g}\displaystyle\int\limits_{x}^{x+1}\dfrac{Q^2}{F^3}\,u\,dx$ für die verschiedenen Kanäle.

Die Integration ist cm zu cm durchgeführt, und die Werte für 1 cm über den 0,5 cm aufgetragen.

Q Wassermenge $= 5{,}10^{-3}$ ccm/sk. $\gamma =$ Gewicht eines ccm $= 1{,}0 \cdot 10^{-3}$ kgcm^{-3}.

g Gravitationskonstante $= 981$ cmsk^{-2}. u benetzter Umfang in cm. F Querschnitt in qcm.

Für diese Berechnung ist die Veränderlichkeit der Höhe von 27,34 auf 27,27 (0,27 vH) auf 125 mm Länge unberücksichtigt geblieben und die Höhe unveränderlich $= 27{,}30$ mm angesetzt worden.

Aus Gl. (2) erhält man also

$$\varDelta z = \beta \, \frac{\gamma}{2\,g}\, Q^2\, 2 \int_{x_1}^{x_2} \frac{h + xc}{h^3 x^3 c^3}\, dx \quad \dots \dots \dots \quad (3).$$

Setzt man

$$\frac{\gamma}{g}\,\frac{Q^2}{h^3} = A,$$

so erhält man

$$\varDelta z = \beta \, \frac{A}{c^2} \left[\frac{h}{2c} \left(\frac{1}{x_1{}^2} - \frac{1}{x_2{}^2} \right) + \left(\frac{1}{x_1} - \frac{1}{x_2} \right) \right],$$

$$\varDelta z = \beta \, \frac{A}{c_2} \left[\frac{h}{2c}\,\frac{x_1 + x_2}{x_1 x_2} + 1 \right] \cdot \left[\frac{x_2 - x_1}{x_1 x_2} \right] = \beta D \quad \dots \dots \quad (4).$$

Die Größe D ist in Spalte 11 der Zahlentafeln 16 bis 21 und in Fig. 43 zusammengestellt.

C) Die Messungen mittels des Röhrchens sind in den Zahlentafeln 22 bis 27 aufgeführt. Es wurden in den Kanälen verschiedene Querschnitte untersucht, die erhaltenen Drücke sind in Fig. 44 bis 64 für verschiedene Höhen über die Breite der Kanäle an verschiedenen Stellen dargestellt. Da der Flüssigkeitsdruck auf eine Breitenlinie nahezu unveränderlich ist, wurde darauf verzichtet, den im Röhrchen gemessenen Druck in Druckhöhe und Geschwindigkeitshöhe zu trennen, zumal die Summe beider die noch verfügbare Energie ergibt. Die von der Kurve der verfügbaren Energie, der wagerechten, strichpunktierten Linie des absoluten Drucknullpunktes und den beiden Ordinaten an den Rändern des Durchflußquerschnittes eingeschlossene schraffierte Fläche gibt eine Vorstellung (die nicht ohne weiteres quantitativ verwertbar ist) von der Verteilung der nutzbaren Energie über den Querschnitt; ferner die Rechteckfläche, die nach oben hin durch die wagerechte Linie des Kesseldruckes abgeschlossen wird, von der Gesamtenergie des Querschnittes; schließlich der unschraffierte Teil der Rechteckfläche von den auftretenden Verlusten.

Die den Kanal I bildenden Wangen sind am Ende des Kanales senkrecht abgeschnitten, so daß der Querschnitt des Kanales I plötzlich auf den des äußeren Kanales übergeführt wird. Es war hierdurch ermöglicht, eine Messung für plötzliche Querschnittänderung (Zahlentafel 22 und Fig. 44) durchzuführen. Für Kanal IV sind die Messungen über den Einfluß des Druckabfalles bis zum Entweichen der gelösten Luft in Zahlentafel 26 und Fig. 57 bis 64 zusammengefaßt.

Bei einem Teil der Messungen sprang in kurzen Abständen das Manometer zwischen zwei oder drei voneinander vollkommen getrennten Gleichgewichtlagen hin und her. Diese Punkte sind vermerkt und bei der Auftragung so verbunden, daß die von den Kurven eingeschlossenen Flächenstücke ungefähr gleich groß wurden. Dies gelang vollkommen zwanglos, und es ergaben sich zwei bezw. drei stetige Kurvenzüge. Es rührt dies offenbar davon her, daß der von der Wandung abgelöste Strahl während des Versuches nicht unveränderlich an seinem Orte blieb, sondern bald nach rechts, bald nach links pendelte oder sich in der Mitte hielt[1].

---

[1] Eine Erscheinung, die sich auch bei Versuchen mit Luftströmung zeigte und dort photographisch festgehalten wurde, vergl. Diss. Steichen, Göttingen.

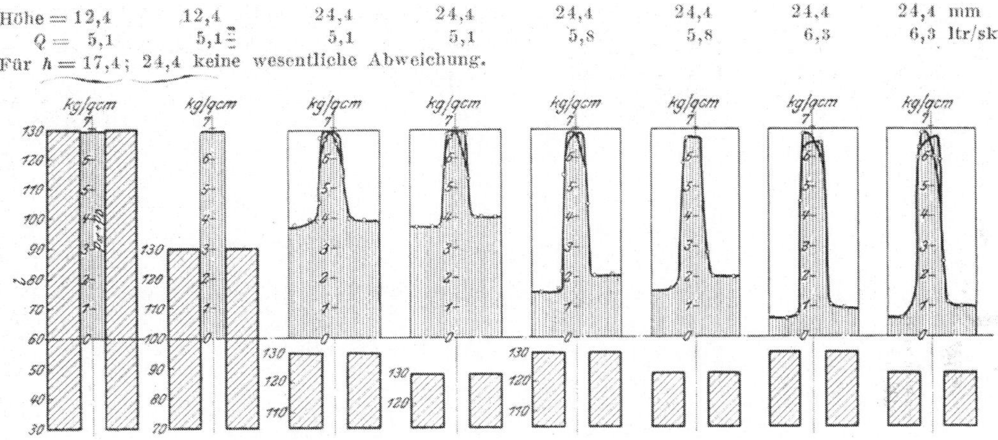

Fig. 44. Kanal I. Verteilung der nutzbaren Energie über die Breite des Kanals (gemessen mittels des Röhrchens) an verschiedenen Stellen innerhalb und außerhalb des Kanals.

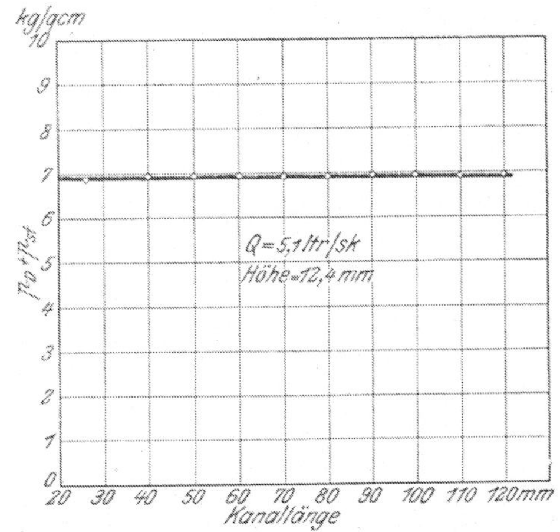

Fig. 45. Kanal I. Verlauf der nutzbaren Energie des mittelsten Stromfadens über die Länge des Kanals. Strahl symmetrisch zur Achse. Messung mit Röhrchen.

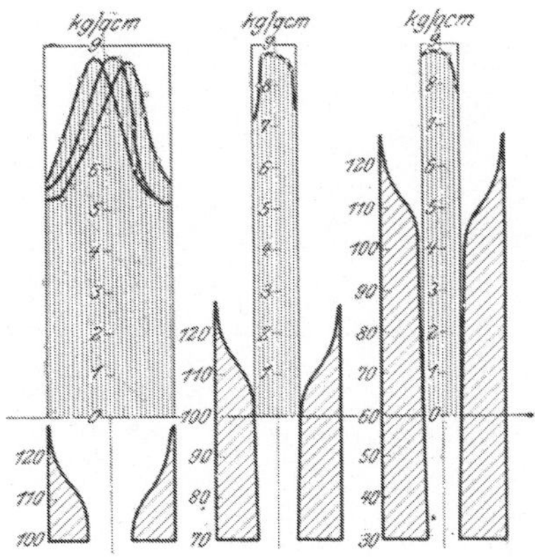

Fig. 46. Kanal II. Verteilung der nutzbaren Energie über die Breite des Kanals (Messung mit Röhrchen). Höhe: 13,4 mm. Wassermenge: 7,15 ltr/sk. Kesseldruck: 9 kg/qcm.

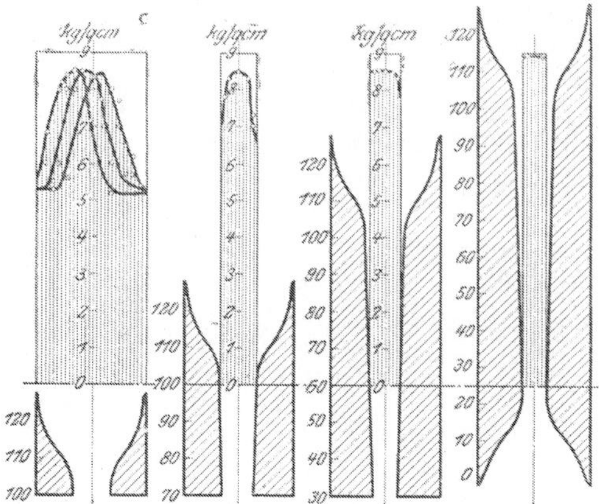

Fig. 47. Kanal II. Verteilung der nutzbaren Energie über die Breite des Kanals (Messung mit Röhrchen). Höhe: 20,4 mm. Wassermenge: 7,15 ltr/sk. Kesseldruck: 9 kg/qcm.

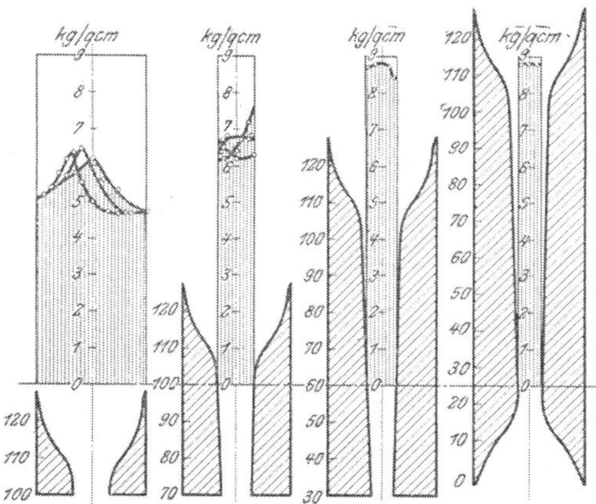

Fig. 48. Kanal II. Verteilung der nutzbaren Energie über die Breite des Kanals. Höhe: 24,4 mm. Wassermenge: 7,15 ltr/sk. Kesseldruck: 9 kg/qcm.

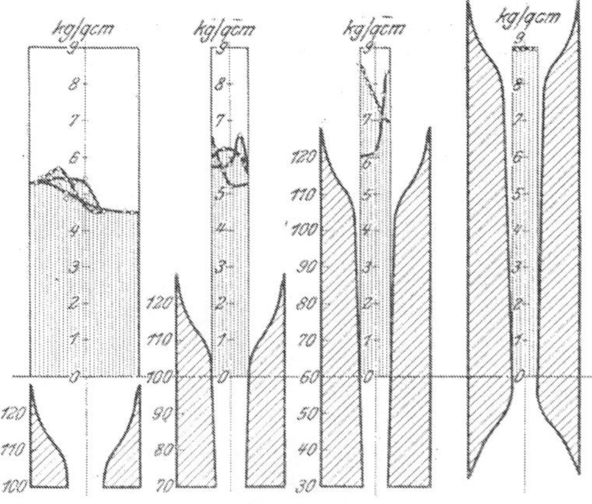

Fig. 49. Kanal II. Verteilung der nutzbaren Energie über die Breite des Kanals (Messung mit Röhrchen). Höhe: 26,4 mm. Wassermenge; 7,15 ltr/sk. Kesseldruck: 9 kg/qcm.

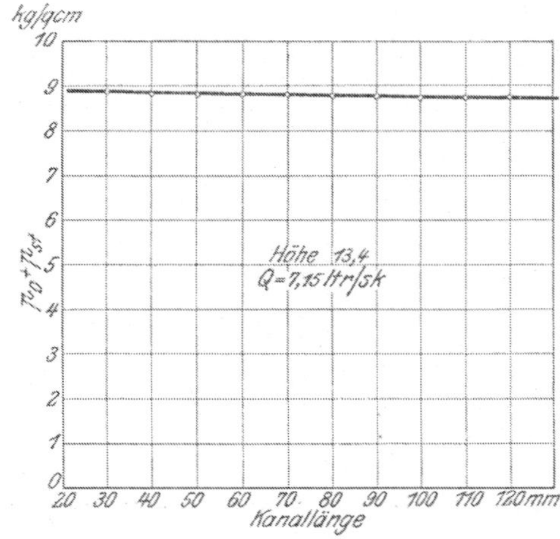

Fig. 50. Kanal II. Verlauf der nutzbaren Energie des mittelsten Stromfadens über die Länge des Kanals. Strahl symmetrisch zur Achse. Messung mit Röhrchen.

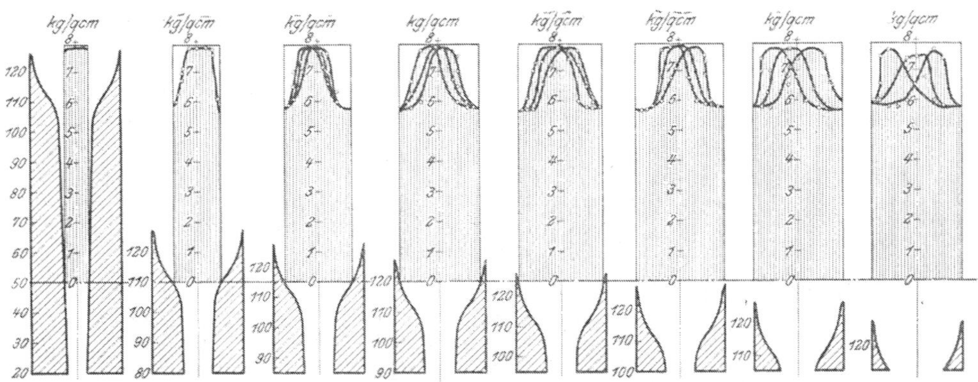

Fig. 51. Kanal II. Verteilung der nutzbaren Energie über die Breite des Kanals, gemessen mit Röhrchen. Höhe: 13,4 mm. Wassermenge: 5,6 ltr/sk. Kesseldruck: 8 kg/qcm.

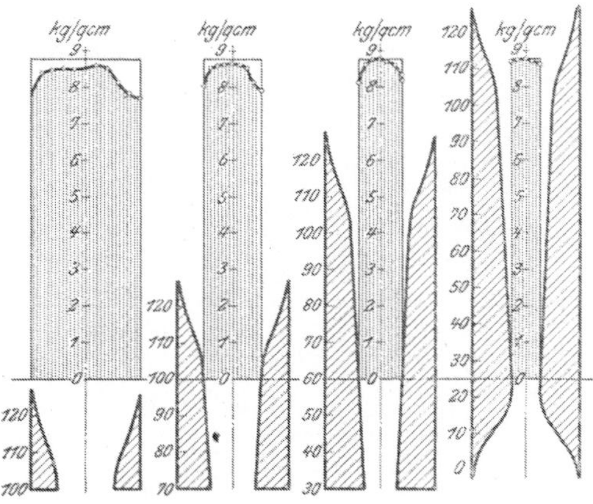

Fig. 52. Kanal III. Verteilung der nutzbaren Energie über die Breite des Kanals (Messung mit Röhrchen). Höhe: 12,4 mm. Wassermenge: 5,33 ltr/sk. Kesseldruck: 9 kg/qcm.

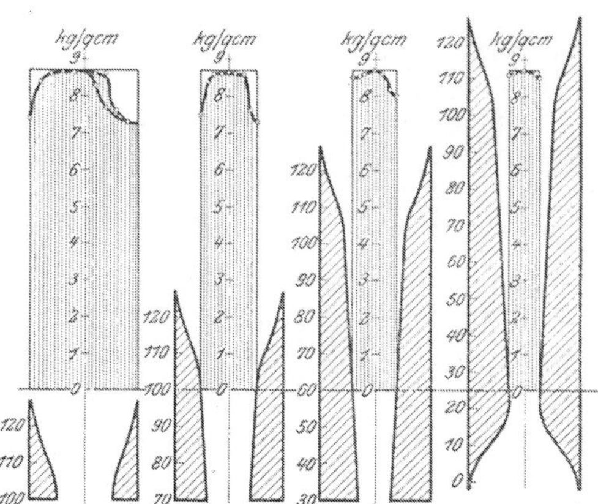

Fig. 53. Kanal III. Verteilung der nutzbaren Energie über die Breite des Kanals (Messung mit Röhrchen). Höhe: 12,4 mm. Wassermenge: 6,8 ltr./sk. Kesseldruck: 9 kg/qcm.

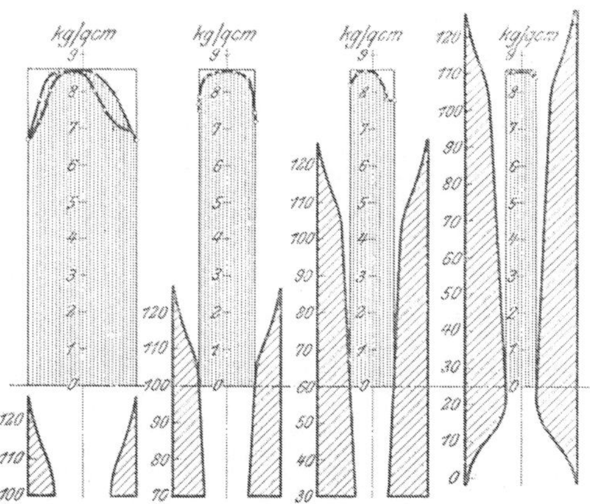

Fig. 54. Kanal III. Verteilung der nutzbaren Energie über die Breite des Kanals (Messung mit Röhrchen). Höhe: 12,4 mm. Wassermenge: 7,25 ltr/sk. Kesseldruck: 9 kg/qcm.

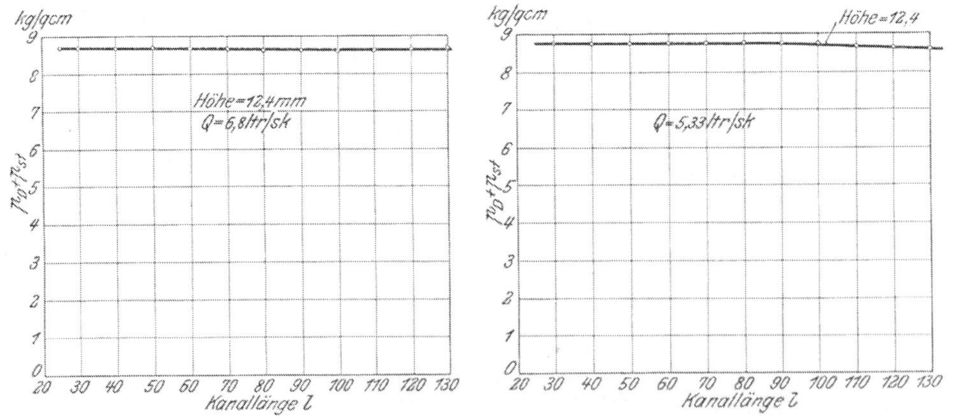

Fig. 55 und 56. Verlauf der nutzbaren Energie des mittelsten Stromfadens über die Länge des Kanals. Strahl symmetrisch zur Achse. Messung mit Röhrchen.

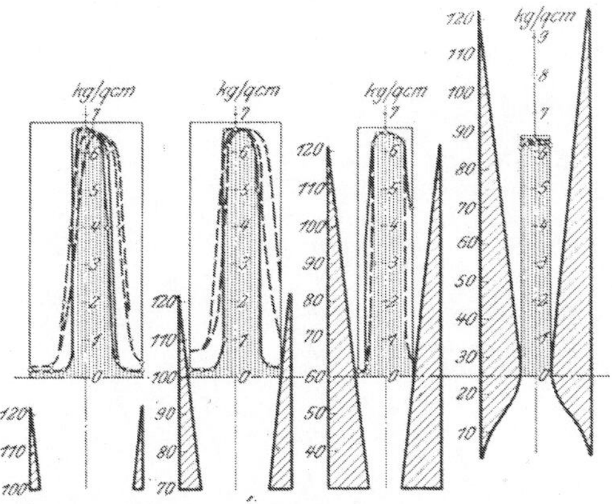

Fig. 57. Kanal IV. Verteilung der nutzbaren Energie über die Breite des Kanals (Messung mit
Röhrchen). (Verschiedene Drosselung des Schiebers, gleich gehaltene Durchflußmenge.)
Höhe: 13,6 mm. — — — Höhe: 22,6 mm. Wassermenge: 7,37 ltr/sk. Kesseldruck: 6,8 kg/qcm.
p_{st} an der Stelle 112: 0,25 kg/qcm.

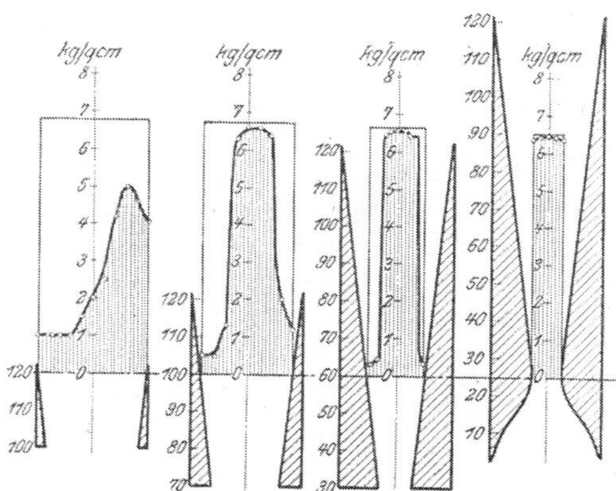

Fig. 58. Kanal IV. Verteilung der nutzbaren Energie über die Breite des Kanals (Messung mit
Röhrchen) Verschiedene Drosselung des Schiebers; gleich gehaltene Durchflußmenge.
Höhe: 13,6 mm. Wassermenge: 7,37 ltr/sk. Kesseldruck: 6,8 kg/qcm. p_{st} an der Stelle 112:
1,0 kg/qcm.

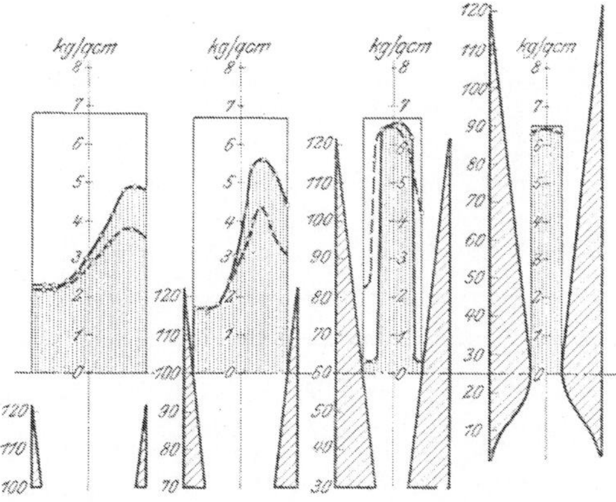

Fig. 59. Kanal IV. Verteilung der nutzbaren Energie über die Breite des Kanals (Messung mit
Röhrchen). Verschiedene Drosselung des Schiebers; gleich gehaltene Durchflußmenge.
Höhe: 13,6 mm. — — — Höhe 24,6 mm (nahe dem Rande). Wassermenge: 7,37 ltr/sk.
Kesseldruck: 6,8 kg/qcm. p_{st} an der Stelle 112: 2,0 kg/qcm.

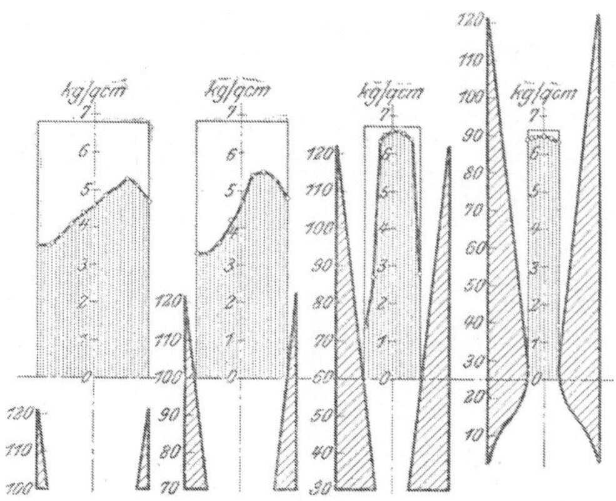

Fig. 60. Kanal IV. Verteilung der nutzbaren Energie über die Breite des Kanals (Messung mit Röhrchen). Verschiedene Drosselung des Schiebers; gleich gehaltene Wassermenge.
Höhe: 13,6 mm.   Wassermenge: 7,37 ltr/sk.   Kesseldruck: 6,8 kg/qcm. p_{st} an der Stelle 112: 3,0 kg/qcm.

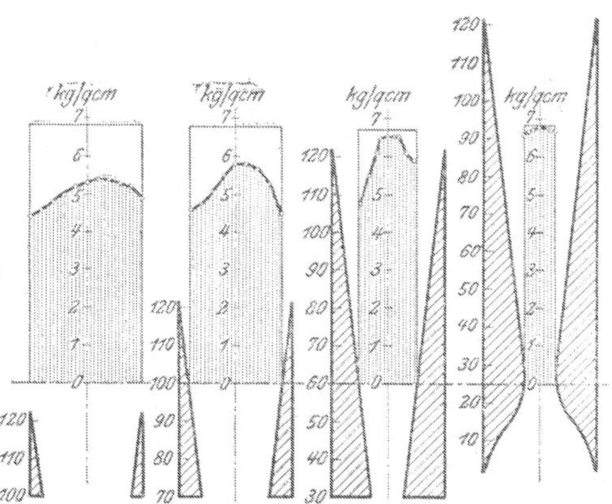

Fig. 61. Kanal IV. Verteilung der nutzbaren Energie über die Breite des Kanals (Messung mit Röhrchen). Verschiedene Drosselung des Schiebers; gleich gehaltene Durchflußmenge.
Höhe: 13,6 mm.   Wassermenge: 7,37 ltr/sk.   Kesseldruck: 6,8 kg/qcm. p_{st} an der Stelle 112: 4,0 kg/qcm.

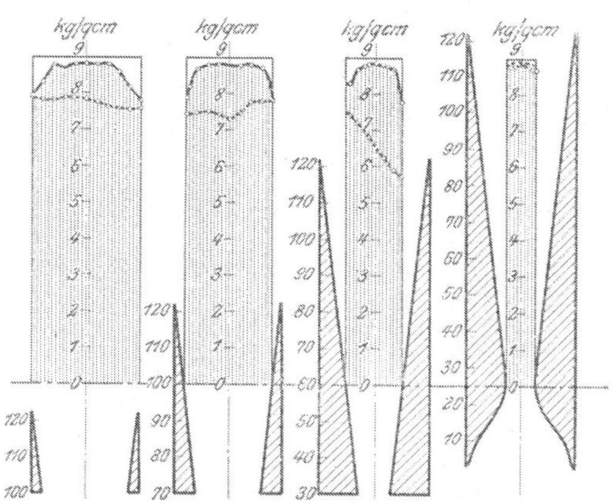

Fig. 62. Kanal IV. Verteilung der nutzbaren Energie über die Breite des Kanals (Messung mit Röhrchen). Verschiedene Drosselung des Schiebers; gleich gehaltene Wassermenge.
Höhe: 13,6 mm.   — — — Höhe: 24,6 mm (nahe dem oberen Rande).   Wassermenge: 7,37 ltr/sk.
Kesseldruck: 9 kg/qcm. p_{st} an der Stelle 112: 5 kg/qcm.

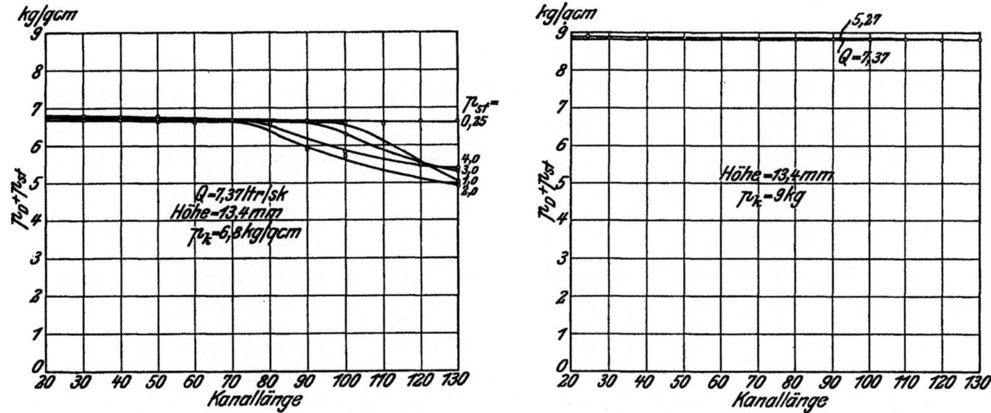

Fig. 63 und 64. Kanal IV. Verlauf der nutzbaren Energie des mittelsten Stromfadens über die Länge des Kanals. Strahl symmetrisch zur Achse. Verschiedene Drosselung des Schiebers. Drücke auf gleichbleibenden Kesseldruck bezogen.

IV) Die Ergebnisse der Messungen.

A) Die Druckverteilung über die Oberfläche zeigt für den geraden Teil der Kanäle, daß die Isobaren ohne großen Fehler als Kreisbögen um den Schnittpunkt der geraden seitlichen Begrenzungslinien des Kanales betrachtet werden können, stärkere Abweichungen zeigen sich gegen Ende des Kanals IV, Fig. 22 bis 25. (Weiteres im Abschnitt V: Theoretische Betrachtung zur Potentialströmung).

Ba) Bei der Strömung gleicher Durchflußmengen bei verschiedenem Anfangsdruck (Kesseldruck) ergibt sich innerhalb gewisser Grenzen, daß die Druckkurven sich nur durch eine additive Konstante unterscheiden, d. h. der Strömungsvorgang ist innerhalb der Beobachtungsgenauigkeit unabhängig vom Anfangsdruck, Fig. 26.

Bb) Erreicht jedoch der Druckabfall an der engsten Stelle den Atmosphärendruck oder unterschreitet ihn, so entweicht die im Wasser gelöste Luft, ferner beginnt sich Wasserdampf zu entwickeln, sobald die Dampfspannung des Wassers erreicht wird. Abgesehen davon, daß die Dampf- und Luftblasen eine Querschnittsverminderung, also ein Anwachsen des Ausdruckes $\frac{\varrho v^2}{2}$, somit eine Vermehrung der Verluste bedeuten, so bedingen auch im erweiterten Teile die stärkere Wirbelung und die Relativbewegung zwischen Wasser und Luft einen vermehrten Energieaufwand. Auf diese Weise ergeben sich in Fig. 27 die unterhalb der gestrichelten Kurve liegenden Kurven, und zwar entsprechen die tieferliegenden, größeren entweichenden Dampf- oder Luftmengen. Die Kurven sind dadurch erhalten, daß mit dem hinter dem Kanal liegenden Drosselschieber S eine verschiedene Drosselung des Enddruckes eingestellt wurde. Je nach der Größe der Drosselung, bei höherem Gegendruck, verringert sich die entweichende Luftmenge, bis eine Grenze (gestrichelte Kurve) erreicht wird, bei der keine Luft mehr entweicht. Aeußerlich konnte dies dadurch beobachtet werden, daß das durch die heftige Durcheinanderbewegung erzeugte Geräusch (Rasseln) plötzlich nachließ. Für die verschiedenen Drosselungen, Gegendrücke, unterhalb dieser Grenze bleibt bei demselben Anfangsdruck die Wassermenge unverändert. Es wurde bei diesen Messungen darauf verzichtet, die Aenderungen der Drosselung, die durch das Verschieben des Kanales entstehen, durch Regeln auszugleichen.

Wird nach Erreichung der Grenzkurve eine weitere Drosselung vorgenommen, der Gegendruck also weiter erhöht, und sorgt man dafür, daß sich die Durchflußmenge nicht ändert, so erhält man die Kurven, die sich von der Grenzkurve nur durch eine additive Konstante unterscheiden. Es ergibt sich die für die Praxis wichtige Regel, daß man es bei Geschwindigkeitsteigerung vermeiden muß, sich im Druckabfall dem Vakuum zu nähern, da jegliches Entweichen von Luft oder Dampf bei einer folgenden Geschwindigkeitsverminderung starke Verluste durch Ablösung des Strahles zur Folge hat[1]).

Durch das Entweichen der Luft ist für jeden Anfangsdruck — bei offenem Drosselschieber — der durchfließenden Wassermenge eine obere Grenze gesetzt. Diese ist für den Kanal IV in Abhängigkeit von dem Druck vor der Einströmung im parallelen Teil des Zuflusses (Stelle 14) (ohne Anwendung von Drosselung) beobachtet und in Fig. 28 zusammengestellt worden. Der Ausflußvorgang richtet sich nach zwei Gesetzen, je nachdem der Druck bis zum Entweichen der Luft erniedrigt wird oder nicht. In dem einen Falle, bei hohen Kesseldrücken (ungefähr ≥ 2 kg/qcm), steht ein Druckabfall bis ins Vakuum zur Verfügung; und diese Druckhöhe kann in Geschwindigkeitshöhe umgesetzt werden; es ergibt sich für den für die verschiedenen Durchflußmengen erforderlichen Druck eine Parabel durch den absoluten Nullpunkt des Druckes, d. h. das Quadrat der Wassermenge ist dem absoluten Drucke proportional. Bei geringeren Wassermengen tritt an der engsten Stelle als Gegendruck der Atmosphärendruck auf. Entsprechend diesem um den Atmosphärendruck verminderten Druckgefälle ist die Geschwindigkeitshöhe, somit auch die Wassermenge geringer. Diese Abhängigkeit der Wassermenge vom Anfangsdruck wird durch eine zweite Parabel durch den Nullpunkt des Atmosphärendruckes dargestellt. Eine beiden Parabeln sich anschmiegende Kurve gibt den Uebergang vom einen Zustande zum andern.

Bc) Wie bereits oben erwähnt, ergibt sich in gleicher Weise wie in dem Beispiel Fig. 37 für alle Versuche, daß die Kurven p_{st} in Abhängigkeit vom Quadrat der Durchflußmenge Gerade, daß also die Verluste an jeder Stelle der Geschwindigkeitshöhe proportional sind.

Für die bei der Strömung auftretenden Verluste ergibt sich weiter Folgendes: Die Kurven des Wirkungsgrades zeigen, daß die Gesamtverluste für Kanal I, II, IV nahezu gleich, für Kanal III etwas höher sind. Für die verengten Kanäle ergeben sich wesentlich kleinere Verluste.

Auch die Kurven: Verluste auf 1 cm in Abhängigkeit von der Länge zeigen, daß die Verluste für die verengten Kanäle wesentlich kleiner sind, Fig. 38.

Schaltet man nun den Einfluß der Geschwindigkeitshöhe in den verschiedenen Kanälen aus, indem man das Verhältnis: Verluste auf 1 cm Kanallänge zur Geschwindigkeitshöhe aufträgt, so weist die Reihenfolge der Kurven den ungünstigeren Einfluß der Erweiterung nach: IV, III, II, I, II[1], III[1], Fig. 39.

In diesen Auftragungen ist noch in den Werten der Verluste der Einfluß der geometrischen Anordnung enthalten. Dividiert man die Verluste durch den Wert

$$D = \frac{\gamma}{2\,g} \int_{x}^{x+1\,\mathrm{cm}} \frac{u}{F^3}\, Q^2\, d\,x$$

(vergl. S. 22), der in Fig. 43 für die verschiedenen Kanäle aufgetragen ist, so läßt die Darstellung des Koeffizienten β in Fig. 42 den ungünstigen Einfluß

---

[1]) Aehnliche Vorgänge bei Wasserdampf sind von K. Büchner (Zur Frage der Lavalschen Turbinendüsen, Mitteilungen über Forschungsarbeiten Heft 18 S. 79) und A. Stodola (Zeitschrift des Vereines deutscher Ingenieure 1903 S. 6) bei Lavaldüsen beobachtet worden.

der Erweiterung auf die Größe der Verluste am deutlichsten zutage treten. Für das Ende des Kanals IV hat der Koeffizient β bereits den fünffachen Betrag desjenigen des parallelen Kanales erreicht.

Das anfangs schnelle, dann allmählichere Ansteigen der Kurven IV bis I läßt erkennen, wie der wirbelnde »turbulente« Zustand mit der Länge des Kanales anwächst, bis schließlich die ganze Flüssigkeit von kleinen Wirbeln durchsetzt ist und der Koeffizient sich einem unveränderlichen Höchstwert nähert. Aus dem Charakter der Kurven II^1 und III^1 für die verengten Kanäle lassen sich keine Schlüsse ziehen, da die Absolutwerte der Verluste so klein sind, daß sie durch die mehrmalige Differenzenbildung nur ungenau bestimmt werden können. Sie sollen also nur die Größenordnung des Koeffizienten β angeben, der für die verengten Kanäle kleiner ist als für den parallelen.

Zum Vergleich sind für den parallelen Kanal die Koeffizienten β nach verschiedenen Formeln berechnet und gleichfalls in Fig. 42 eingetragen worden.

$$\text{Weisbach[1]} \quad \ldots \ldots \quad 4\,\beta = \lambda = 0{,}01439 + \frac{0{,}00094711}{\sqrt{v}},$$
$$\beta = 0{,}004084,$$

$$\text{Darcy[1]} \quad \ldots \ldots \quad 4\,\beta = \lambda = 0{,}01989 + \frac{0{,}0005078}{d}; \quad d = \frac{4\,F}{u}$$
$$\beta = 0{,}0156,$$

$$\text{II. Lang[1]} \quad \ldots \ldots \quad 4\,\beta = \lambda = a + \frac{0{,}0018}{\sqrt{v\,d}}$$
$$\text{I } a = 0{,}012 \qquad \beta = 0{,}0048$$
$$\text{II } a = 0{,}02 \qquad \beta = 0{,}0066,$$

$$\text{Biel[2]} \quad \ldots \ldots \quad \beta = \frac{k\,2\,g}{1000},$$

$$\text{wobei } k = a + \frac{f}{\sqrt{\dfrac{F}{u}}} + \frac{b}{v\,\sqrt{\dfrac{F}{u}}}\,\frac{[\eta]}{g},$$

$$a,\,f,\,b,\ \text{Konstante,}$$
$$\frac{[\eta]}{g}\ \text{der Zähigkeitsmodul,}$$

für eine Rauhigkeit	I	II
ist a der Grundfaktor	0,12	0,12
f der Rauhigkeitsfaktor	0,0064	0,018

$$\frac{F}{u} = \frac{0{,}00765 \cdot 0{,}0273}{2 \cdot (0{,}0273 + 0{,}765)} \quad \ldots \ldots \quad 0{,}003 \ \ \text{m}$$

$$\frac{f}{\sqrt{\dfrac{F}{u}}} = \ \ldots \ldots \quad 0{,}117 \ \ \text{m} \qquad 0{,}328 \ \ \text{m}$$

$$v = 23{,}9$$

$$\frac{\dfrac{b\,[\eta]}{g}}{v\,\sqrt{\dfrac{F}{u}}} = \ \ldots \ldots \quad 0{,}009 \qquad 0{,}00672$$

$$k = \ \ldots \ldots \quad 0{,}246 \qquad 0{,}4547$$

$$\beta = \ \ldots \ldots \quad 0{,}00483 \qquad 0{,}0089$$

---

[1] Hütte, 20. Aufl. 1908 S. 271.

[2] R. Biel, Ueber den Druckhöhenverlust bei der Fortleitung tropfbarer und gasförmiger Flüssigkeiten. Mitteilungen über Forschungsarbeiten Heft 44 S. 37.

Während die Formel von Darcy unvergleichbar hohe Werte liefert (was zu erwarten, da sie für Geschwindigkeiten $< 0{,}5$ m/sk gilt) und die Formel von Weisbach einen zu niedrigen Wert ergibt, liegt der hier ermittelte Koeffizient zwischen den beiden Werten von Lang und Biel.

C) Aus den bisherigen Messungen ergibt sich der quantitative Einfluß der Erweiterung auf die Verluste der Strömung. In bezug auf die Quelle der Verluste, die Stelle, wo sie entstehen, geben die Versuche mit dem Röhrchen eine wesentliche Ergänzung.

Kanal I, Fig. 44, zeigt in den beiden ersten Figuren links für zwei Querschnitte in der mittleren Höhe unter Abzug der unveränderlichen Druckhöhe eine durchaus gleichmäßige Geschwindigkeitsverteilung. Für eine Höhe nahe dem oberen Rande ergaben sich keine abweichenden Werte. Die weiteren Figuren zeigen den Einfluß einer plötzlichen Erweiterung. Der Strahl strömt geschlossen aus, und zwar um so vollständiger, je größer die ursprüngliche Geschwindigkeit ist, und um so langsamer erfolgt eine Auffüllung der seitlichen Räume mit wirbelndem Wasser. Jedoch die gleichmäßige Geschwindigkeitsverteilung zeigt der Strahl nicht mehr, er wird nach beiden Seiten hin stark abgerundet, und zwar um so stärker, je größer die Verluste an den Seiten sind (bei größerer Anfangsgeschwindigkeit). Bei der getroffenen Anordnung konnten weitere Querschnitte nicht mehr untersucht werden. Es hätte sich dann ergeben, daß der mittlere Teil der schraffierten Fläche sich allmählich verflacht, während gleichzeitig die Seitenteile sich auffüllen, bis schließlich eine gleichmäßige, aber turbulente Strömung über dem ganzen Querschnitt vorhanden ist. Hierbei nimmt entsprechend dem zunehmenden Verluste die gesamte schraffierte Fläche noch etwas ab. Im wesentlichen ist der Sitz der Verluste die Unstetigkeitstelle des Querschnittes. Mit vermehrter Geschwindigkeit ergibt sich eine Zunahme dieser Verluste.

Die nutzbare Energie des mittelsten Stromfadens, in Abhängigkeit von der Kanallänge dargestellt, Fig. 45, gibt eine Gerade, die nur wenig in der Strömungsrichtung geneigt ist, entsprechend den geringen Verlusten beim geraden Kanal.

Für den Kanal II ist in Fig. 46 bis 49 veranschaulicht, wie die Verluste nach dem oberen Rande hin zunehmen. Die Messung erfolgte für diesen Kanal wie auch für III und IV an vier Querschnitten: $l = 25$ (engste Stelle); 60 (im geraden Teil des Kanales); 100 (Ende des geraden Teiles); 130 (hinter der stärkeren Erweiterung, im großen Kanal). Für Kanal II ist die Messung für verschiedene Höhen durchgeführt: 13,4 (ungefähr Mitte); 20,4; 24,4; 26,4 (1 mm vom oberen Rande)[1]), für Kanal III für verschiedene Wassermengen, d. h. Geschwindigkeiten, Fig. 52 bis 56.

Während die Verluste an der engsten Stelle unmerklich sind, zeigt sich deutlich, wie sie allmählich an den Wandungen entstehen und mit zunehmender Länge und nach dem oberen Rande hin das Geschwindigkeitsprofil immer stärker angreifen. Der Einfluß der stärkeren Erweiterung ist ohne weiteres aus den Kurven ersichtlich, ebenso das Anwachsen der Verluste mit zunehmender Geschwindigkeit.

Der bei Kanal II vorhandene abgerundete Uebergang nach dem weiten Kanale hin ist benutzt, um im Vergleich zu der plötzlichen Querschnittsänderung bei Kanal I zu zeigen, wie durch eine auch nur kurze aber stetige Erweiterung die Verluste wesentlich herabgemindert werden.

---

[1]) Für die erstere Höhe konnte wegen der starken Drosselung des Röhrchens die Messung für den engsten Querschnitt nicht durchgeführt werden.

Für Kanal IV ist die Messung unter dem gleichen Gesichtspunkte wie bei der Bestimmung des Flüssigkeitsdruckes durchgeführt, es sollte der Einfluß der Druckerniedrigung bis zum Entweichen der Luft festgestellt werden. Der Kurvenschar in Fig. 27 entsprechen die in Fig. 57 bis 64 dargestellten Ergebnisse:

Der Flüssigkeitsdruck bleibt für die ganze Länge im Vakuum: völlige Ablösung des Strahles, große Verluste. Sie werden kleiner in dem Maße, als das Entweichen von Luft, Wasserdampf usw. durch Drosselung mit Hülfe des Schiebers verhindert wird, bis schließlich in Fig. 62, wo durch genügend hohen Anfangsdruck ein Abfall des Druckes im verengten Teile auf die Nähe des Atmosphärendruckes vermieden ist, die Verluste den kleinsten Wert annehmen.

Das Verhalten des mittelsten Stromfadens zeigen Fig. 63 und 64. Er scheint um so später von dem allgemeinen Zerfall angegriffen zu werden, je mehr Luft entweicht; allerdings fällt die Kurve, entsprechend einem Flüssigkeitsdruck von 2 kg/cm aus der Reihe der übrigen heraus[1]).

V) Theoretische Betrachtung zur Potentialströmung.

Für die Strömung einer volumbeständigen Flüssigkeit gilt die Beziehung:

$$\frac{\partial v_1}{\partial x} + \frac{\partial v_2}{\partial y} + \frac{\partial v_3}{\partial z} = 0 \qquad \ldots \ldots \ldots \quad (1).$$

Ist die Strömung wirbelfrei, und kann der Einfluß der Reibung vernachlässigt werden, so läßt sich die Geschwindigkeit v von einem Potentiale ableiten:

$$v_1 = \frac{\partial \Phi}{\partial x}; \; v_2 = \frac{\partial \Phi}{\partial y}; \; v_3 = \frac{\partial \Phi}{\partial z} \qquad \ldots \ldots \ldots \quad (2).$$

Setzt man diese Werte in die obige Gl. (1) ein, so erhält man die bekannte Laplacesche Differentialgleichung:

$$\frac{\partial^2 \Phi}{\partial x^2} + \frac{\partial^2 \Phi}{\partial y^2} + \frac{\partial^2 \Phi}{\partial z^2} = 0 \qquad \ldots \ldots \ldots \quad (3).$$

Da in den hier betrachteten Kanälen die Höhe stets gleich ist, kann das Problem 2 dimensional weiter behandelt werden ($v_3 = 0$)

$$\frac{\partial^2 \Phi}{\partial x^2} + \frac{\partial^2 \Phi}{\partial y^2} = 0 \qquad \ldots \ldots \ldots \quad (3a).$$

Als Lösung dieser Differentialgleichung dient sowohl der reelle als auch der imaginäre Bestandteil jeder beliebigen Funktion einer komplexen Variabeln $z = x + yi$.

Es sei

$$w = \Phi + i\Psi = F(z) \qquad \ldots \ldots \ldots \quad (4)$$

eine solche Funktion, dann ist

$$\frac{\partial w}{\partial x} = \frac{\partial \Phi}{\partial x} + i\,\frac{\partial \Psi}{\partial x} = \frac{dF(z)}{dz}\,\frac{\partial z}{\partial x} = \frac{dF(z)}{dz} = F'(z),$$

ferner

$$\frac{\partial w}{\partial y} = \frac{\partial \Phi}{\partial y} + i\,\frac{\partial \Psi}{\partial y} = \frac{dF(z)}{dz}\,\frac{\partial z}{\partial y} = i\,\frac{dF(z)}{dz} = iF'(z),$$

---

[1]) Eine wesentliche Rolle spielen diese Vorgänge in dem von Clemens Herschel erfundenen und ausgebildeten »Venturi-Wassermesser«. Die verschiedenen auf diese Erfindung Bezug nehmenden Veröffentlichungen dieses Ingenieurs sind mir erst nach Abschluß der Arbeit bekannt geworden. Vergl. Clemens Herschel, The Venturi Water Meter, American Society of Civ. Engineers Transactions Vol XVII November 1887. — —, Measuring Water, Reprinted by Builders Iron Foundry, Providence R. I. 1909. — —, The Fall-Increaser, The Harvard Engineering Journal, June 1908.

hieraus folgt

$$F'z = -i\frac{\partial \Phi}{\partial y} + \frac{\partial \Psi}{\partial y},$$

also

$$\frac{\partial \Psi}{\partial y} - i\frac{\partial \Phi}{\partial y} = \frac{\partial \Phi}{\partial x} + i\frac{\partial \Psi}{\partial x},$$

dies ist nur möglich, wenn sowohl die reellen als auch die imaginären Teile gleich sind, d. h.

$$\frac{\partial \Phi}{\partial x} = \frac{\partial \Psi}{\partial y}; \quad \frac{\partial \Psi}{\partial x} = -\frac{\partial \Phi}{\partial y} \quad \cdots \cdots \cdots \quad (5).$$

Differentiiert man die erste Gleichung nach x, die zweite nach y und addiert, so erhält man

$$\frac{\partial^2 \Phi}{\partial x^2} + \frac{\partial^2 \Phi}{\partial y^2} = 0$$

die Gl. (3a) und umgekehrt

$$\frac{\partial^2 \Psi}{\partial x^2} + \frac{\partial^2 \Psi}{\partial y^2} = 0$$

eine entsprechende Gleichung für Ψ.

Die Funktion Ψ bezeichnet man als Stromfunktion,

$\quad$ die Kurven $\Psi = $ konst als Stromlinien,
$\quad$ die Kurven $\Phi = $ konst als Aequipotentiallinien [1]).

Zeichnet man in der xy-Ebene ein Netz von Kurven $\Phi = $ konst und $\Psi = $ konst, so folgt aus $\frac{\partial \Phi}{\partial x} = \frac{\partial \Psi}{\partial y}$ und $\frac{\partial \Phi}{\partial y} = -\frac{\partial \Psi}{\partial x}$, daß die Kurven sich rechtwinklig schneiden, Fig. 65. Es läßt sich weiter zeigen, daß die Maschen des Netzes,wenn sie hinreichend klein gewählt werden, Quadrate bilden (Orthogonalsystem). Bildet man dieses Kurvennetz auf der $\Phi\Psi$-Ebene ab, so erhält man Quadrate, Fig. 66. Die Beziehung beider Netze zueinander bezeichnet man als

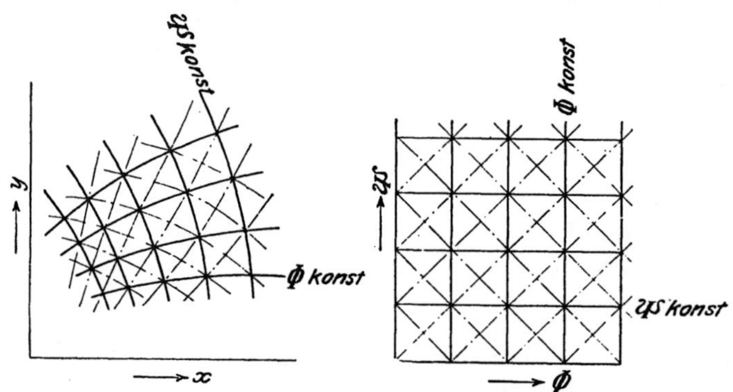

Fig. 65 und 66.

winkeltreue oder konforme Abbildung (weil bei ihr die Winkel erhalten bleiben, während die Längen sich proportional ändern können), eine Beziehung, die in der Mathematik von großer Bedeutung ist. Zieht man in der $\Phi\Psi$-Ebene die Diagonalen, so stehen diese aufeinander senkrecht und bilden ein gleichartiges Quadratnetz wie die Kurven $\Phi = $ konst und $\Psi = $ konst. Aus der Theorie der konformen Abbildung folgt, daß die Kurvenscharen des Diagonalnetzes in der xy-Ebene dann ebenfalls ein Orthogonalsystem bilden müssen. Hieraus ergibt

---

[1]) Föppl, Vorlesungen über technische Mechanik Bd. 4, Wirbelbewegung und wirbelfreie Bewegung S. 403 ff. II. Aufl. — H. Lamb, Lehrbuch der Hydrodynamik.

sich, daß die Diagonalen aufeinander senkrecht stehen und in erster Annäherung einander gleich sind.

Betrachtet man die Strömung zwischen zwei aufeinander folgenden, sich um einen stets gleichen Wert von Ψ unterscheidenden Stromlinien, so ist die durchfließende Wassermenge $\partial Q = h v_1 \, \partial y$, wobei h die unveränderliche Höhe des Kanals, daher

$$\frac{\partial Q}{\partial y} = h v_1,$$

ferner ist

$$\partial Q = - h v_2 \, \partial x,$$

daher

$$\frac{\partial Q}{\partial x} = h v_2,$$

nun war

$$v_1 = \frac{\partial \Phi}{\partial x} = \frac{\partial \Psi}{\partial y}; \quad v_2 = - \frac{\partial \Psi}{\partial x} = \frac{\partial \Phi}{\partial y},$$

also ergibt sich $Q = \Psi h + \text{konst}$, d. h. die Durchflußmenge durch eine von je zwei um einen festen Wert voneinander verschiedene Stromlinien gebildete Stromröhre ist unveränderlich. Für die Strömung durch einen beliebigen Kanal läßt sich das Netz $\Phi = \text{konst}$, $\Psi = \text{konst}$ einzeichnen, da die Kanalwandungen selbst Stromlinien sind und die mathematische Aufgabe, zwischen zwei vorgegebenen Stromlinien ein Netz von Quadraten einzuschalten, zu einer eindeutigen Lösung führt.

Die Konstruktion des $\Phi\,\Psi$-Netzes wird in der Weise vorgenommen, daß man ein ungefähres Kurvennetz wie das verlangte nach Augenmaß in den Kanal einzeichnet. Von einer Kurve ausgehend, berichtigt man dann die Werte nach dem unten angegebenen Verfahren und erhält auf diese Weise ein verbessertes Netz, bei dem das Verfahren wiederholt wird, bis schließlich bei der Verbesserung keine Abweichungen gegen das vorherige Netz mehr entstehen.

Das Verfahren ist von Prof. Runge in seinen Vorlesungen über »graphische Methoden« angegeben und soll ohne Beweis hier angedeutet werden.

»Es sei eine Kurve $\Psi = \text{konst}$ bekannt und auf ihr drei Schnittpunkte A, B, C der Kurven $\Phi = \text{konst}$, Fig. 67, dann lassen sich zwei weitere Schnittpunkte F, G finden, indem man den Halbierungspunkt D der Sehne AC mit B verbindet, DB um sich selbst bis E verlängert, von E eine Senkrechte auf AC fällt und auf dieser von E aus nach beiden Seiten hin $EF = FG = \dfrac{AC}{2}$ aufträgt. Die Punkte F, G sind dann in erster Annäherung die gesuchten Punkte.«

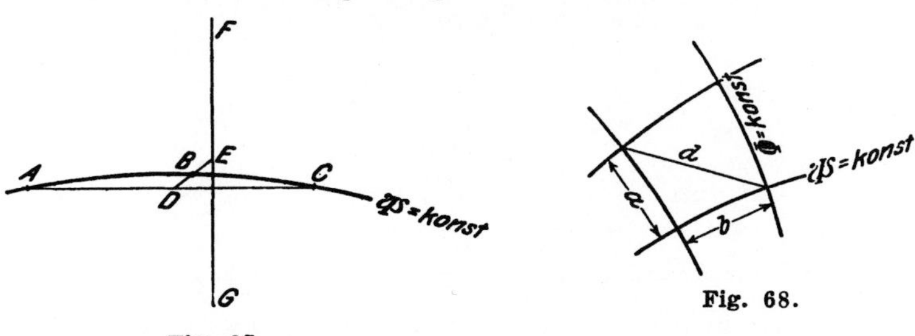

Fig. 67.

Fig. 68.

Das Ziehen der Linien AC und FG kann gespart werden, wenn man Millimeterpauspapier zu Hülfe nimmt. Die Punkte D, E, F, G können dann auf den Geraden des Millimeterpauspapiers mit dem Zirkel eingestochen werden.

Man erhält auf diese Weise Stromlinien, die, von den nach Augenmaß gezeichneten abweichen, und zwar jede folgende stärker. Für die Symmetrielinie ergibt sich eine berichtigte Stromlinie, die nur dann mit ihr zusammenfallen kann, wenn die Einteilung der Ausgangskurve die richtige war. Dies ist im allgemeinen nicht der Fall. Man muß also an den Teilpunkten der Ausgangskurve (Randkurven) eine sachgemäße Berichtigung vornehmen und das ganze Verfahren auf diese Weise mehrmals wiederholen, bis schließlich die letzte Kurve mit der Symmetrielinie zusammenfällt und das Netz nach den parallelen Teilen des Kanales hin genau quadratisch wird.

Lag ein einmalig berichtigtes Netz vor, so konnte das Verfahren weiter vereinfacht werden, indem man mittels Millimeterpauspapier die Diagonalen untersuchte, ob sie gleich waren und aufeinander senkrecht standen, bezw. die Punkte entsprechend berichtigte. Da der Rand und die Symmetrieachse des Kanales Stromlinien sind, und da das Netz im parallelen Teil des Kanales genau quadratisch ist, so hat man eine ständige Prüfung, wie schnell man sich bei der Berichtigung den wahren Werten nähert.

Hat man für einen Kanal das Netz konstruiert, so fließt durch jede, von je zwei aufeinander folgenden Stromlinien gebildeten Stromröhre die gleiche Wassermenge. Nun ist $Q = v\,a$; da aber $a = \text{rd.}\,b$, Fig. 68, so folgt: $Q = v\,b$, nun ist

$$\frac{\varrho\,v^2}{2} = p_D$$

oder

$$p_D = \frac{\varrho}{2}\left(\frac{Q}{a}\right)^2;$$

nun ist

$$d^2 = a^2 + b^2 = 2\,a^2;$$

ferner $\varrho\,Q^2 = \text{konst}$, also die Geschwindigkeitshöhe

$$p_D = \frac{c_1}{d^2}.$$

Die Energiegleichung lautete $p_D + p_{st} = \text{konst} = c_2$, also

$$p_{st} = c_2 - \frac{c_1}{d^2}.$$

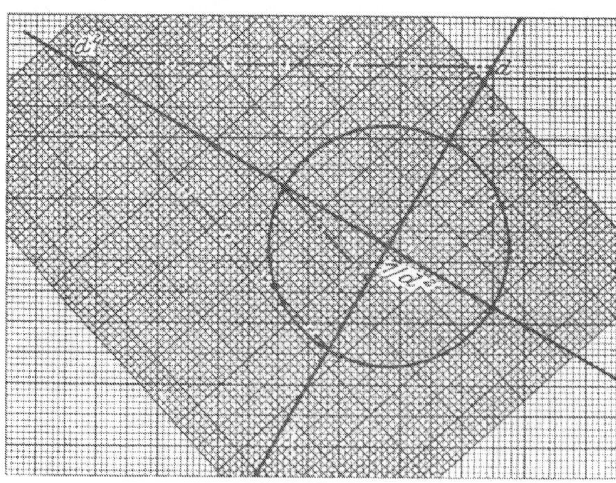

Fig. 69.

Die Bestimmung von p_{st} aus der Größe der Diagonalen d kann zeichnerisch schnell auf folgendem Wege durchgeführt werden. Man zeichnet einen Kreis mit dem Halbmesser 1 und ein Achsenkreuz X, Y, Fig. 69. Ueber diese Zeichnung legt man ein Stück Millimeterpauspapier. Auf der einen Achse (Y) sticht man mittels einer Nadel die Entfernung d vom Mittelpunkt aus ab und dreht das Millimeterpauspapier um diesen Punkt, bis eine Gerade desselben den Punkt d mit dem einen Schnittpunkt des Kreises mit der X-Achse $x = +1$, $y = 0$ verbindet, dann schneidet die dazu senkrechte Gerade des Koordinatenpapieres die x-Achse in einem Punkte, dessen Entfernung vom Nullpunkte $x = -d^2$ ist. In diesen Punkt sticht man die Nadel ein und verbindet durch nochmalige Drehung des Millimeterpapieres diesen Punkt d mit dem Schnittpunkt $x = 0$, $y = -1$ der Y-Achse mit dem Kreise. Die parallele Gerade des Millimeterpauspapieres durch den Punkt $x = -1$, $y = 0$ der X-Achse schneidet die Y-Achse im Abstande $\frac{1}{d^2}$ vom Mittelpunkte.

Die Konstante c_1 ist gleich 1 gesetzt in geeignetem Maßstab, c_2 beliebig.

Man verbindet schließlich die Punkte gleichen Flüssigkeitsdruckes und erhält so das Strömungsbild in Fig. 70.

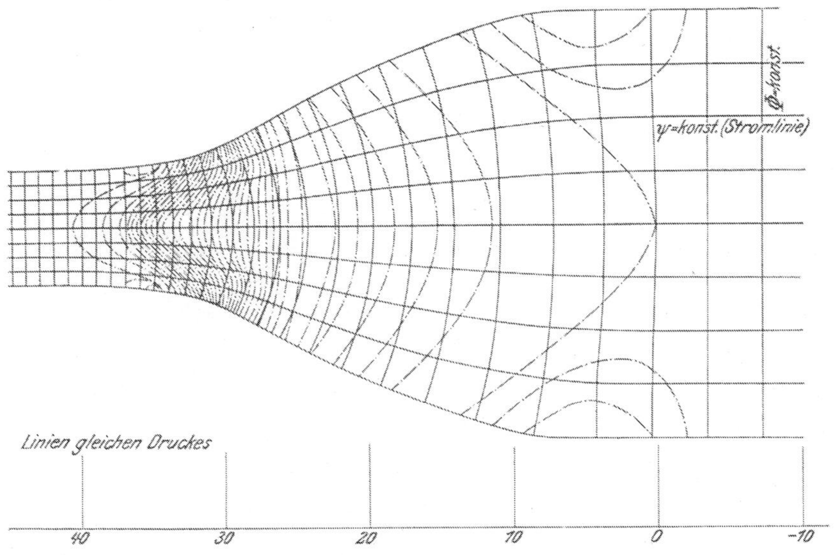

Fig. 70. Potentialströmung im Zulauf des Kanals.

Man vergleiche hiermit Fig. 22 und 23: es zeigt sich, daß in der Tat in den verengten Teilen der Kanäle das Strömungsbild durch das der Potentialströmung wiedergegeben werden kann. Da diese Strömung nun Reibungs- und Wirbelfreiheit voraussetzt, so ergibt sich auch auf diesem Wege, daß die bei der Strömung durch verengte Kanäle auftretenden Verluste nur gering sein können, da das durch die Potentialströmung gegebene Bild des Strömungsverlaufes nur unwesentlich verändert erscheint.

Zusammenfassung und Schluß.

Die Untersuchungen geben eine volle Bestätigung der in der Einleitung dargestellten Theorie von Hrn. Prof. Prandtl. Die Messung des Flüssigkeitsdruckes zeigte, daß in den verengten Kanälen die Strömung nahezu verlustfrei ist (Potentialströmung), während mit zunehmender Erweiterung die Strömung ungünstiger verläuft. Durch die Untersuchung des Strömungsverlaufes mit Hülfe des Röhrchens konnte dann weiter nachgewiesen werden, daß die Verluste (in

Form von Wirbelbildung durch Reibung) im wesentlichen an den Wandungen der Kanäle entstehen und allmählich die ganze Strömung durchsetzen (Turbulenz), und zwar in um so stärkerem Maße, je stärker die Kanäle erweitert sind, je schneller die Geschwindigkeitsabnahme und die Druckzunahme erfolgt. Der schädliche Einfluß des Druckabfalles in der engsten Stelle bis zum Entweichen der gelösten Luft, plötzlicher Querschnittsänderungen konnte durch die zur Verwendung gelangten Untersuchungsverfahren nachgewiesen werden.

Das somit gewonnene anschauliche Bild der Strömungsvorgänge kann für die Verwendung in der Technik wertvoll sein, wenn auch im Hinblick auf die geringen einstweilen vorliegenden Unterlagen darauf verzichtet wurde, die Ergebnisse so in mathematischer Ausdrucksweise darzustellen, daß sie der rechnerischen Verwertung unmittelbar zugänglich wären.

Zahlentafeln.

Zahlentafel 1.

Kanal I. Verteilung des Flüssigkeits- (statischen) Druckes über die obere Fläche.
Datum 16. 2. 09. Kesseldruck 8 kg/qcm. Wassermenge 4,95 ltr/sk.
Drücke in 0,01 kg/qcm. Versuch Nr. 1.

Länge . . .	112	100	90	80	70	60	50	40	30	25
Winkel 190	471	479	486	494	501	512	519	521	531	555
» 185	471	479	486	494	501	512	519	521	531	563
» 180	471	479	486	494	501	512	519	521	531	563
» 175	471	479	486	494	501	512	519	521	531	556
» 170	471	479	486	494	501	512	519	521	531	540

Länge . . .	20	15	10	5	0	—5	—14			
Winkel 230	—	—	761	773	770	768	772			
» 220	—	—	764	770	770	768	772			
» 210	—	748	758	766	769	766	772			
» 200	664	732	750	760	768	766	772			
» 190	657	720	748	758	766	766	772			
» 180	652	718	744	758	764	766	772			
» 170	654	722	747	758	765	766	772			
» 160	666	736	750	760	766	766	772			
» 150	—	750	758	765	768	766	772			
» 140	—	—	764	770	770	768	772			
» 130	—	—	750	773	771	768	772			

Zahlentafel 2.

Kanal II. Verteilung des Flüssigkeits- (statischen) Druckes über die obere Fläche.
Datum 2. 12. 08. Kesseldruck 8 kg/qcm. Wassermenge 6,4 ltr/sk.
Drücke in 0,01 kg/qcm. Versuch Nr. 2.

Länge . . .	100	90	80	70	60	50	40	30	25	20
Winkel 195	470	442	—	—	—	—	—	—	—	—
» 190	468	440	414	378	348	305	262	190	164	212
» 185	468	438	410	373	346	302	260	185	162	240
» 180	470	438	410	370	340	300	255	182	160	230
» 175	466	438	410	372	342	302	260	190	168	200
» 170	468	439	412	375	348	302	265	195	170	170
» 165	470	440	—	—	—	—	—	—	—	—

Länge . . .	15	10	5	0	—5	—10				
Winkel 230	—	—	—	761	762	758				
» 220	—	—	745	755	762	758				
» 210	—	690	732	750	756	758				
» 200	480	648	720	745	755	758				
» 190	480	612	705	742	752	756				
» 180	480	600	698	739	750	755				
» 170	480	612	712	742	752	756				
» 160	490	662	730	745	755	757				
» 150	—	700	748	748	760	758				
» 140	—	—	752	752	764	758				
» 130	—	—	—	755	765	758				

Zahlentafel 3.

Kanal III. Verteilung des Flüssigkeits- (statischen) Druckes über die obere Fläche.
Datum 14 12. 08. Kesseldruck 8 kg/qcm. Wassermenge 6,4 ltr/sk.
Drücke in 0,01 kg/qcm. Versuch Nr. 3.

Länge	100	90	80	70	60	50	40	30	25
Winkel 205	712	695	675	—	—	—	—	—	—
» 200	712	692	676	653	—	—	—	—	—
» 195	712	695	677	658	626	590	538	—	—
» 190	712	698	678	653	623	590	541	452	385
» 185	712	698	678	651	620	589	538	450	382
» 180	712	698	678	651	620	588	536	448	380
» 175	712	698	678	651	621	586	538	450	380
» 170	712	697	676	651·	623	585	538	452	382
» 165	712	695	676	651	620	588	539	—	—
» 160	712	693	675	656	—	—	—	—	—
» 155	712	695	677	—	—	—	—	—	—

Zahlentafel 4.

Kanal IV. Verteilung des Flüssigkeits- (statischen) Druckes über die obere Fläche.
Datum 17. 12. 08. Kesseldruck 9 kg/qcm. Wassermenge 6,35 ltr/sk.
Drücke in 0,01 kg/qcm. Versuch Nr. 4.

Länge . . .	112	100	90	80	70	60	50	40	35	30
Winkel 220	778	768	760	758	—	—	—	—	—	—
» 210	772	768	760	752	732	—	—	—	—	—
» 200	778	773	760	752	730	712	663	—	—	—
» 195	—	—	—	—	—	—	668	605	546	—
» 190	778	771	760	749	729	716	668	612	566	480
» 185	—	—	—	—	—	—	670	612	568	480
» 180	768	766	756	749	728	716	672	608	562	482
» 175	—	—	—	—	—	—	672	612	558	488
» 170	772	772	757	748	728	716	672	612	558	488
» 165	—	—	—	—	—	—	662	614	578	—
» 160	772	772	758	746	723	716	662	—	—	—
» 150	772	762	760	746	728	—	—	—	—	—
» 140	782	765	762	754	—	—	—	—	—	—

Zahlentafel 5.

Kanal II. Flüssigkeits- (statischer) Druck in der Symmetrieachse der Deckfläche
bei verschiedenem Kesseldruck. Datum 1. 12. 08.

Kesseldruck kg/qcm	10	8	8	6	4
Versuch Nr.	5	6	7	8	9
Wassermenge ltr/sk	6,35	6,35	3,35	3,35	3,35

Stellung der Meßöffnung					
112	698	500	700	500	300
105	688	485	696	499	298
100	670	470	695	496	295
95	652	448	690	491	288
90	632	435	688	486	284
80	612	410	680	478	276
70	582	376	674	470	270
60	546	350	668	462	260
50	510	300	658	452	250
40	458	253	644	440	240
35	430	220	632	434	226
30	390	170	624	426	213
26	350	148	620	420	210
23	360	160	625	428	211
20	460	250	652	440	239
15	698	500	718	513	300
10	840	649	752	550	349
5	918	712	762	570	361
0	940	739	770	573	370
−14	953	760	772	579	376

Zahlentafel 6.

Kanal IV. Flüssigkeitsdruck in der Symmetrieachse der Deckfläche bei gleichbleibender Durchflußmenge und verschiedener Drosselung (Einfluß gelöster Luft). Datum 16. 12. 08. Kesseldruck 7 kg/qcm. Wassermenge 7,37 ltr/sk. Drücke in 0,01 kg/qcm.

Versuch Nr.	10	11	12	13	14	15	16	17	18
110	15	80	120	220	320	420	510	112: 652	112: 745
100	15	65	110	200	310	410	505	628	730
90	15	55	85	160	285	390	495	618	718
80	15	48	60	110	250	370	475	608	708
70	15	40	48	75	153	328	455	588	688
60	16	35	42	65	130	252	425	572	666
50	26	35	40	52	170	155	380	514	614
40	26	35	45	51	50	80	300	422	526
35	51	35	45	—	—	—	—	345	450
30	56	40	45	40	48	56	152	252	358
26	132							28: 228	28: 318
23	228							24: 286	24: 408
20	380							462	575
15	514							622	708
10	580							688	775
5	615							716	812
0	632							731	826
−14	638							746	844

(Zeilentitel: Stellung der Meßöffnung)

Zahlentafel 7.

Kanal IV. Größte Durchflußmenge bei verschiedenem statischem Druck an der Stelle $l = -14$ mm bei offenem Schieber hinter dem Kanal. Datum 17. 12. 08. Versuch Nr. 19. Drücke in 0,01 kg/qcm.

Kesseldruck	Druck an der Stelle −14	Wassermenge ltr/sk	Kesseldruck	Druck an der Stelle −14	Wassermenge ltr/sk	Kesseldruck	Druck an der Stelle −14	Wassermenge ltr/sk
660	605	7,27	460	418	6,22	—	180	4,17
600	550	7,12	400	365	5,85	—	157	3,86
590	540	7,1	350	310	5,39	—	141	3,5
560	510	6,85	290	255	4,95	—	126	3,02
500	460	6,52	260	230	4,68	—	105	2,7

Zahlentafel 8.

Kanal I. Flüssigkeits- (statischer) Druck in der Symmetrieachse der Deckfläche.
Datum 1. 4. 09. Kesseldruck 9 kg/qcm. Drücke in 0,01 kg/qcm.

Versuch Nr.	20	21	22	23	24	25
Wassermenge ltr/sk	3	3,95	5,05	6,06	6,58	7,12
112	753	663	521	354	260	155
100	759	670	534	371	280	178
90	763	677	541	388	300	199
80	768	681	546	398	316	211
70	771	687	551	408	330	226
60	773	691	561	420	340	245
50	775	693	571	437	350	258
40	781	696	578	450	368	282
30	781	698	588	458	375	298
27	784	—	602	490	412	344
25	—	728	—	—	—	—
23	790	—	678	572	531	513
20	838	798	747	697	660	642
15	860	841	808	780	755	740
10	865	851	841	822	802	790
5	870	861	849	840	831	820
0	872	868	858	848	840	836
−14	880	870	864	853	850	848

(Spalte links: Stellung der Meßöffnung)

Zahlentafel 9.

Kanal II erweitert. Flüssigkeits- (statischer) Druck in der Symmetrieachse der Deckfläche.
Datum 23. 3. 09. Kesseldruck 9 kg/qcm. Drücke in 0,01 kg/qcm.

Versuch Nr.	26	27	28	29	30	31
Wassermenge ltr/sk	2,94	3,95	5,07	6,06	6,6	7,1
112	829	788	730	672	628	590
105	828	781	722	652	610	572
100	827	774	708	638	595	548
95	826	770	706	622	578	533
90	821	767	701	616	568	520
80	816	759	695	600	547	497
70	811	756	678	586	528	470
60	803	748	664	566	508	446
50	799	741	650	548	484	420
40	796	736	639	528	462	398
35	792	728	630	518	448	387
30	791	720	618	500	432	368
28	790	—	—	—	419	341
27	788	716	609	490	402	331
24	783	710	602	486	398	328
22	781	712	601	480	420	348
20	787	719	—	496	462	399
18	—	—	641	532	—	—
15	822	776	713	642	590	540
10	856	828	800	768	744	718
5	869	856	841	820	807	797
0	874	868	856	841	832	828
− 5	876	872	858	850	839	839
−14	877	876	862	855	848	844

(Spalte links: Stellung der Meßöffnung)

Zahlentafel 10.

Kanal III erweitert. Flüssigkeits- (statischer) Druck in der Symmetrieachse
der Deckfläche.
Datum 29. 3. 09. Kesseldruck 9 kg/qcm. Drücke in 0,01 kg/qcm.

Versuch Nr.	32	33	34	35	36	37
Wassermenge ltr/sk	3,0	3,98	5,07	6,07	6,57	7,1
112	839	812	778	740	720	694
100	838	810	770	728	707	677
90	836	808	759	710	689	650
80	835	798	752	698	668	629
70	830	788	736	674	633	592
60	824	771	716	642	600	550
50	810	758	686	606	553	509
40	798	741	658	554	500	438
35	789	729	632	522	458	382
30	778	710	598	478	409	330
28	770	702	580	463	388	298
24	767	684	559	412	327	239
20	778	762	591	438	358	267
15	818	779	707	630	590	517
10	848	830	794	752	740	718
5	865	856	838	811	806	801
0	869	866	852	838	835	824
−14	877	871	862	851	846	846

(Zeile links: Stellung der Meßöffnung)

Zahlentafel 11.

Kanal IV erweitert. Flüssigkeits- (statischer) Druck in der Symmetrieachse
der Deckfläche.
Datum 29. 3. 09. Kesseldruck 9 kg/qcm. Drücke in 0,01 kg/qcm.

Versuch Nr.	38	39	40	41	42	43
Wassermenge ltr/sk	2,94	3,96	5,06	6,06	6,6	7,1
112	859	842	821	792	772	762
105	858	834	814	786	767	758
100	856	836	811	780	761	750
95	854	835	809	774	759	743
90	852	834	804	768	754	738
80	850	827	796	758	747	718
70	848	819	778	745	724	698
60	838	807	763	712	688	658
50	830	792	743	681	650	614
40	822	767	698	618	570	522
35	809	747	659	556	503	439
30	796	718	612	488	420	344
28	789	714	603	478	401	330
26	794	728	622	498	423	348
23	804	748	668	572	500	440
20	829	781	728	653	598	560
15	854	829	788	758	731	712
10	863	850	830	809	790	773
5	869	865	849	832	824	821
0	872	869	856	848	840	833
− 5	874	870	860	851	844	837
−14	879	872	861	852	849	839

(Zeile links: Stellung der Meßöffnung)

Zahlentafel 12.

Kanal II verengt. Flüssigkeitsdruck in der Symmetrieachse der Deckfläche.
Datum 31. 3. 09. Kesseldruck 9 kg/qcm. Drücke in 0,01 kg/qcm.

Versuch Nr.	44	45	46	47	48	49
Wassermenge ltr/sk	2,96	3,95	5,07	6,06	6,6	7,1
112	792	721	628	524	458	390
108	786	716	621	496	424	354
104	779	704	598	476	392	318
100	780	708	600	478	400	335
98	784	711	606	482	408	345
94	787	718	619	499	425	365
90	790	725	628	522	448	389
80	799	740	650	548	484	424
70	803	750	670	578	520	471
60	818	761	689	602	551	500
50	824	771	706	626	581	536
40	830	782	721	652	603	561
30	834	792	734	673	632	589
20	849	813	769	729	700	674
10	870	850	839	819	804	790
0	877	861	858	848	839	832
−14	879	870	866	856	850	846

Stellung der Meßöffnung

Zahlentafel 13.

Kanal III verengt. Flüssigkeitsdruck in der Symmetrieachse der Deckfläche.
Datum 24. 3. 09. Kesseldruck 9 kg/qcm. Drücke in 0,01 kg/qcm.

Versuch Nr.	50	51	52	53	54	55
Wassermenge ltr/sk	2,98	3,96	5,05	6,08	6,6	7,1
112	782	730	625	518	420	346
107	—	700	508	448	350	265
104	772	698	578	442	347	260
100	775	699	588	460	374	287
95	788	717	614	520	440	370
90	798	736	646	551	482	428
80	812	761	690	614	559	516
70	825	781	727	660	621	578
60	834	798	750	700	666	630
50	840	810	775	730	704	681
40	844	821	787	750	730	704
30	850	830	800	768	749	730
20	862	845	819	788	777	760
10	874	856	840	820	812	807
0	875	869	856	840	838	831
−14	876	871	860	854	848	842

Stellung der Meßöffnung

Zahlentafel 14. Ergebnisse der Ausmessung der Kanäle.

Länge	Höhe	Kanal I		Kanal II		Kanal III		Kanal IV		Kanal II′		Kanal III′	
		Sehne	Bogen	Sehne	Bogen	Sehne	Bogen	Sehne	Bogen	Sehne	Bogen	Sehne	Bogen
125	27,343			28.68		29,02				27,25		27,46	
120	27,340	7,40		26,31		26,28		27,31		22,63		23,34	
115	27,337			21,90		22,82				15,23		16,32	
110	27,334	7,48		15,32		19,15		25,17	25,078	9,05		9,95	
105	27,331			11,61		16,43				8,04		7,44	
100	27,328	7,52	7,52	11,16	11,16	15,74	15,722	22,99	22,903	8,25	8,25	7,73	7,726
90	27,322	7,60	7,60	10,75	10,75	14,56	14,543	20,86	20,780	8,66	8,66	8,79	8,786
80	27,317	7,65	7,65	10,33	10,33	13,40	13,384	18,68	18,609	9,10	9,10	9,86	9,855
70	27,310	7,65	7,65	9,94	9,94	12,25	12,236	16,49	16,427	9,54	9,54	10,92	10,915
60	27,305	7,66	7,66	9,48	9,48	11,12	11,107	14,36	14,305	9,95	9,95	12,09	12,084
50	27,299	7,66	7,66	9,09	9,09	10,02	10,008	12,24	12,194	10,30	10,30	13,24	13,234
40	27,293	7,68	7,68	8,65	8,65	8,93	8,920	10,12	10,082	10,70	10,70	14,42	14,413
30	27,287	7,74	7,74	8,17	8,17	7,87	7,861	8,04	8,0096	11,10	11,10	15,51	15,503
25	27,284	7,97		7,97		7,36		7,98		11,32		16,11	
20	27,282	11,24		7,86		7,43		10,87		12,19		16,95	
15	27,279	17,22		10,87		11,20		17,18		17,98		20,18	
10	27,276	22,40		18,14		18,54		23,64		23,66		24,07	
5	27,273	26,13		24,63		24,73		28.17		27,37		27,35	
0	27,270	28,88		28,61		27,83		30,00		29,09		29,50	

Zahlentafel 15. Durchflußgeschwindigkeiten.

Länge	Kanal I		Kanal II		Kanal III		Kanal IV		Kanal II′		Kanal III′	
	Fläche	Geschw.	Fläche	Geschw.	Fläche	Geschw.	Fläche	Geschw.	Fläche	Geschw.	Fläche	Geschw.
	qmm	m/sk	qmm	m/sk	qmm	m/sk	qmm	m/sk	qmm	m/sk	qmm	m/sk
125			784,20	6,38	793,50	6,30			745,10	6,71	790,92	6,32
120	202,32	24,65	719,32	6,95	718,50	6,93	743,82	6,72	618,70	8,07	638,16	7,84
115			601,41	8,32	623,83	8,14			416,34	12,01	446,16	11,2
110	204,46	24,4	418,75	11,94	523,44	9,55	685,38	7,30	247,37	20,2	271,95	18,4
105			317,31	15,76	449.06	11,10			219,74	22,75	203,34	24,6
100	205,51	24,35	304,98	16,39	430,14	11,34	625,74	7,98	225,46	22,20	211,14	23,65
90	207,65	24,1	293,71	17,05	397,80	12,56	567,76	8,80	236,61	21,1	240,14	20,8
80	208,98	23,9	282,18	17,70	366,04	13,62	508,34	9,83	248,58	20,1	269,40	18,57
70	208,92	23,9	271,47	18,41	334,56	14,92	448,65	11,1	260,54	19,18	298,09	16,76
60	209,16	23,9	257,85	19,40	303,63	16,46	390,61	12,78	271,68	18,4	329,93	15,15
50	209,11	23,90	248,14	20, 1	273,53	18,28	332,87	14,98	281,18	17,75	361,26	13,83
40	209,61	23,85	236,08	21,18	243,72	20,5	275,16	18,13	292,04	17,1	393,33	12,7
30	211,20	23,68	222,93	22,40	214,75	23,24	218,55	22,80	302,89	16,5	422,98	11,8
25	217,45	23,0	217,45	23,00	200,81	24,90	217,7	22,95	308,85	16,1	439,50	11,36
20	306,65	16,3	214,43	23,30	202,70	24,65	296,5	16,83	332,57	15,0	462,38	10,8
15	469,74	10,68	296,52	16,88	305,52	16,35	468,6	10,63	490,48	10,2	550,40	9,08
10	610,98	8,17	494,79	10,10	505,70	9,88	644,8	7,75	645,35	7,73	656,44	7,61
5	712,64	7,0	671,73	7,45	674,47	7,73	768,3	6,51	746,46	6,69	745,86	6,7
0	787,56	6,34	769,28	6,50	758,93	6,59	818,1	6,11	793,28	6,30	804,46	6,21

Berechnung der Verluste.

Zahlentafel 16. Kanal I.

1 Länge mm	2 Geschw.-höhe kgcm^{-2} berechnet	3 gemessen	4 ausgeglichene Verluste kg/qcm	5 Verluste für 1 cm einschl. Verschiebung	6 Verluste korrig kg/qcm	7 Wirkungsgrad vH	8 Verluste für 1 cm vH	9 Geschw.-Höhe vH	10 Verluste für 1 cm : Geschw.-Höhe	11 D	12 β
100	3,0171	3,4850	0,4680		0,4016	88,8					
90	2,9551	3,3500	0,4000	0,0685	0,3331	89,9	2,08		0,0232		0,00614
80	2,9175	3,2500	0,3325	0,0645	0,2686	91,6	2,02		0,0221		0,00578
70	2,9192	3,2000	0,2810	0,0595	0,2091	93,3	1,9		0,0204		0,00533
60	2,9127	3,1300	0,2170	0,0565	0,1526	95,03	1,842		0,0189		0,00506
50	2,9141	3,0800	0,1660	0,0535	0,0990	96,7	1,775		0,0183		0,00480
40	2,8972	3,0150	0,1180	0,0505	0,0485	98,3	1,71		0,0174		0,00453
30	2,8565	2,9250	0,0685	0,0485	0,0	100	1,70		0,0170		0,00435

Spalte 9 (Geschw.-Höhe vH): vergl. Spalte 7 (durchgehend). Spalte 11 (D): } 11,158 (durchgehend). Lage des Schnittpunktes $l = -\infty$, $\alpha = 0^0$, $c = 0$.

Zahlentafel 17. Kanal II.

1 Länge mm	2 berechnet	3 gemessen	4 ausgeglichene Verluste kg/qcm	5 Verluste für 1 cm einschl. Verschiebung	6 Verluste korrig kg/qcm	7 Wirkungsgrad vH	8 Verluste für 1 cm vH	9 Geschw.-Höhe vH	10 Verluste für 1 cm : Geschw.-Höhe	11 D	12 β
100	1,3700	1,6900	0,3200		0,2656	89,7		53,4			
90	1,4770	1,7950	0,3180	0,0255	0,2401	90,6	0,99	57,5	0,01725	3,62	0,00703
80	1,6002	1,8900	0,2880	0,0295	0,2106	91,8	1,15	62,4	0,01841	4,06	0,00726
70	1,7290	1,9850	0,2560	0,0335	0,1771	93,1	1,3	67,4	0,01938	4,52	0,00742
60	1,9017	2,1050	0,2030	0,0385	0,1386	94,6	1,5	74,1	0,02020	5,12	0,00754
50	2,0693	2,2550	0,1860	0,0415	0,0970	96,2	1,61	80,7	0,02000	5,77	0,00719
40	2,2861	2,4500	0,1290	0,0465	0,0505	98,0	1,81	89	0,02040	6,57	0,00708
30	2,5649	2,6500	0,0810	0,0505	0,0	100	1,97	100	0,01965	7,56	0,00668

Lage des Schnittpunktes $l = -161,875$ mm, $\alpha = 2^0 26' 50''$, $c = 0,042713$.

Zahlentafel 18. Kanal III.

1 Länge mm	2 berechnet	3 gemessen	4 ausgeglichene Verluste kg/qcm	5 Verluste für 1 cm einschl. Verschiebung	6 Verluste korrig kg/qcm	7 Wirkungsgrad vH	8 Verluste für 1 cm vH	9 Geschw.-Höhe vH	10 Verluste für 1 cm : Geschw.-Höhe	11 D	12 β
90	0,8034	1,1450	0,3416		0,3681	86,1		29,2			
80	0,9488	1,2500	0,3010	0,0345	0,3336	87,9	1,25	34,4	0,0364	1,905	0,0181
70	1,1189	1,3900	0,2710	0,0435	0,2901	89,4	1,58	40,6	0,0389	2,480	0,0175
60	1,3790	1,6000	0,2210	0,0535	0,2366	91,4	1,94	50,9	0,0382	3,14	0,0170
50	1,6989	1,8500	0,1510	0,0655	0,1710	93,8	2,38	61,7	0,0386	3,975	0,0165
40	2,1402	2,2100	0,0750	0,0755	0,0955	96,55	2,74	77,6	0,0353	5,460	0,0138
30	2,7566	2,7350	-0,0215	0,0955	0,0	100	3,45	100,0	0,0345	7,74	0,0128

Lage des Schnittpunktes $l = -39,2$ mm, $\alpha = 6^0 26' 34''$, $c = 0,11244$.

Zahlentafel 19. Kanal IV.

1 Länge mm	2 berechnet	3 gemessen	4 ausgeglichene Verluste kg/qcm	5 Verluste für 1 cm einschl. Verschiebung	6 Verluste korrig kg/qcm	7 Wirkungsgrad vH	8 Verluste für 1 cm vH	9 Geschw.-Höhe vH	10 Verluste für 1 cm : Geschw.-Höhe	11 D	12 β
110	0,2776	0,6100	0,3324		0,3052	88,6		10,4			
100	0,3254	0,6550	0,3296	0,0155	0,2896	89,2	0,58	12,2	0,0476	0,468	0,0331
90	0,3953	0,7050	0,3003	0,0195	0,2701	89,9	0,73	14,8	0,0493	0,606	0,0322
80	0,4931	0,7800	0,2869	0,0245	0,2456	90,8	0,92	18,5	0,0497	0,775	0,0316
70	0,6330	0,9000	0,2670	0,0305	0,2151	92,0	1,14	23,7	0,0480	1,042	0,0293
60	0,8351	1,0500	0,2149	0,0385	0,1766	93,4	1,44	31,3	0,0460	1,466	0,0262
50	1,1500	1,3000	0,1500	0,0485	0,1280	95,2	1,82	43,1	0,0423	2,186	0,0222
40	1,6830	1,7960	0,1070	0,0585	0,0695	97,4	2,19	63,0	0,0348	3,522	0,0166
30	2,6676	2,7000	0,0324	0,0695	0,0	100	2,61	100	0,0261	6,350	0,0109

Lage des Schnittpunktes $l = -7,3$ mm, $\alpha = 12^0 13' 16''$, $c = 0,2133$.

Zahlentafel 20. Kanal II' (verengt).

1 Länge mm	2 berechnet	3 gemessen	4 ausgeglichene Verluste kg/qcm	5 Verluste für 1 cm einschl. Verschiebung	6 Verluste korrig kg/qcm	7 Wirkungsgrad vH	8 Verluste für 1 cm vH	9 Geschw.-Höhe vH	10 Verluste für 1 cm : Geschw.-Höhe	11 D	12 β
100	2,5067	2,7150	0,2080		0,1116	95,74		95,74			
90	2,2760	2,4500	0,1740	0,0275	0,0841	96,8	1,050	87,1	0,0121	7,51	0,00366
80	2,0620	2,2150	0,1530	0,0225	0,0616	97,64	0,860	78,7	0,0109	6,5	0,00346
70	1,8815	2,1050	0,1324	0,0165	0,0451	98,28	0,630	71,8	0,0088	5,71	0,00289
60	1,7263	1,8600	0,1340	0,0135	0,0316	98,79	0.516	66,0	0,0078	5,1	0,002655
50	1,6116	1,7300	0,1184	0,0115	0,0200	99,23	0,440	51,6	0,0072	4,54	0,00254
40	1,4940	1,5900	0,0960	0,0105	0,0095	99,64	0,400	57,0	0,0070	4,07	0,00259
30	1,3798	1,4700	0,0900	0,0095	0,0	100	0,362	52,6	0,0069	3,68	0,00257

Lage des Schnittpunktes $l = +303,4$ mm, $\alpha = 2^0 19' 57''$, $c = 0,04071$.

Zahlentafel 21. Kanal III (verengt).

1 Länge mm	2 berechnet	3 gemessen	4 ausgeglichene Verluste kg/qcm	5 Verluste für 1 cm einschl. Verschiebung	6 Verluste korrig kg/qcm	7 Wirkungsgrad vH	8 Verluste für 1 cm vH	9 Geschw.-Höhe vH	10 Verluste für 1 cm : Geschw.-Höhe	11 D	12 β
100	2,8571	2,9200	0,0630		0,0591	97,97		97,97			
90	2,2026	2,2650	0,0620	0,0150	0,0441	98,48	0,515	75,6	0,00681	8,3	0,00183
80	1,7606	1,8050	0,0440	0,0120	0,0321	98,9	0,412	60,4	0,00681	5,88	0,00204
70	1,4286	1,4650	0,0360	0,0100	0,0221	99,24	0,343	49,0	0,00700	4,35	0,00230
60	1,1682	1,1950	0,0270	0,0080	0,0146	99,5	0,274	40,0	0,00685	3,284	0,00244
50	0,9766	0,9950	0,0180	0,0060	0,0080	99,72	0,223	33,5	0,00666	2,60	0,00250
40	0,8258	0,8450	0,0190	0,0045	0,0035	99,88	0,154	28,4	0,00545	2,07	0,00218
30	0,7102	0,7250	0,0150	0,0035	0,0	100	0,120	24,4	0,00493	1,695	0,00208

Lage des Schnittpunktes $l = +170,5$ mm, $\alpha = 6^0 16' 50''$, $c = 0,10961$.

Zahlentafel 22.

Kanal I. Verteilung der nutzbaren Energie über die Breite des Kanales. Drücke in 0,01 kg/qcm.

	56a 20.11.08	57 20.11.08	58 20.11.08
Nr.			
uck kg/qcm	7	7	7
enge ltr/sk	5,1	5,1	5,1
. . . . . .	12,4	17,4	24,4
. . . . . .	100	100	100
−3,5	694	694	694
3	694	694	694
2	694	694	694
0	694	694	680
2	694	694	690
3	694	694	690
+3,5	690	680	664

	56b
Nr.	
. . . . . .	12,4
. . . . . .	60
−3,5	696
3	696
2	696
0	696
2	696
3	696
+3,5	696

Breite	59a 23.11.08	59b 23.11.08	60a 23.11.08	60b 23.11.08	61a 23.11.08	61b 23.11.08
	7	7	7	7	7	7
	5,1	5,1	5,8	5,8	6,3	6,3
	24,4	24,4	24,4	24,4	24,4	24,4
	135	142	135	142	135	142
+13	370	370	12: 150	150		
8	370	390	150	160	10: 60	10: 60
6	370	390	160	190	5: 70	6: 120
5	380	450	218	330	4,5: 280	5: 170
4	570	670	540	580	450	630
3	680		685 660	665	678	680
2	690 670		685 660	665	650	680 630
0	670 690	680−690	680	665	650	650
2		670	640 680	660	650	1: 600 660
3	680	540	630 670		650 600	2: 670
4	530	400	440	270	500	3: 590
5	410	400	207		112	4: 250
6	400	400	205	200	10: 95	5: 112
8	390	400	205			10: 100
−13	390	400	12: 205	200		

Nutzbare Energie im mittelsten Stromfaden.

Versuch Nr	62
Datum . . .	20. 11. 08
Kesseldruck	7
Wassermenge	5,1
Höhe . . .	12,4
Länge 120	694
110	694
100	694
90	695
80	695
70	695
60	696
50	697
40	697
30	697

Zahlentafel 23. Kanal II. Verteilung der nutzbaren

Versuch Nr.	63a	63b	63c	64a	64b	64c	64d
Datum	3.12.09	3.12.09	3.12.09	7.12.08	7.12.08	7.12.08	7.12.08
Kesseldruck kg/qcm	9	9	9	9	9	9	9
Wassermenge ltr/sk	7,15	7,15	7,15	7,15	7,15	7,15	7,15
Höhe	13,4	13,4	13,4	20,4	20,4	20,4	20,4
Länge	130	100	60	130	100	60	20

Breite	63a			63b	63c
+15	570		580		
12	670		530		
9	750		560		
6	820	700	650		
5				720	
4				800	875
3	870			872	878
2					881
0		870	740	876	878
2					870
3	720	870		860	
4				840	810
5				720	
6	600	700	850		
9	540		730		
12	520	520	620		
−15	520	520	560		

Breite	64a			64b	64c	64d
+15	560	530	530			
13	600	530	530			
11		550	530			
9	800	600	530			
7	800	800	560			
5	850	800	700.	700		
4				780.	850	
3	850	850		830	851	892
2					853	894
0	650	850	850	850	855	896
2					848	894
3	520	700	840	830	820	893
4				730	780	
5	520	600	800	670		
7	520		780			
9	520	570	650			
11	520		620			
13	520		570			
−15	520		540			

Zahlentafel 26b.

Kanal IV. Verteilung der nutzbaren Energie über die Breite des Kanales.
Drücke in 0,01 kg/qcm.

Versuch Nr.	72a	72b	72c	72d	73a	73b	73c	73d	74a	74b	74c	74d
Datum	18.12.08	18.12.08	18.12.08	18.12.08	18.12.08	18.12.08	18.12.08	18.12.08	18.12.08	18.12.08	18.12.08	18.12.08
Kesseldruck kg/qcm	6,8	6,7	6,7	6,5	6,8	6,8	6,7	6,55	6,8	6,85	6.75	6,65
Wassermenge ltr/sk	7,37	7,37	7,37	7,37	7,37	7,37	7,37	7,37	7,37	7,37	7,37	7,37
Höhe	13,6	13,6	13,6	13,6	24,6	24,6	24,6	24,6	13,6	13,6	13,6	13,6
Länge	130	100	60	25	130	100	60	25	130	100	60	25
p_{st} an d. Stelle 112	2	2	2	2	2	2	2	2	3	3	3	3

Breite	72a	72b	72c	72d	73a	73b	73c	73d	74a	74b	74c	74d
+15	220				230				350			
12	220	170			230	165			350	330		
9	220	170			230	165			380	330		
7			30				220				140	
6	240	180			230	180			410	360		
5			30	4: 630			580	4: 620			270	: 638
3	270	240	640	635	250	260	650	630	440	420	630	642
2			650	640			650	632			650	648
0	310	340	655	642	280	320	650	638	460	470	660	650
2			660	638			630	638			658	643
3	360	540	650	635	310	400	600	630	475	540	654	640
5			620	4: 630			550	4: 628			640	: 638
6	420	560			360	440			490	550		
7			30				400				280.	
9	480	520			380	350			530	530		
12	490	430			380	300			510	480		
−15	480				350				470			

Energie über die Breite des Kanales.   Drücke in 0,01 kg/qcm.

65a			65b			65c	65d	66a			66b			66c		66d
7.12.08			7.12.08					7.12.08			7.12.08			7.12.08		7.12.08
9			9			9	9	9			9			9		9
7,15			7,15			7,15	7,15	7,15			7,15			7,15		7,15
24,4			24,4			24,4	24,4	26,4			26,4			26,4		26,4
130			100			60	25	130			100			60		25
520	520	520						530	530	530						
520	520	520						530	530	530						
540	540							540	530	530						
580								560	540							
620	570	570						570		520						
640		580	640	670	620			540	540	490	660	610	570			
			670	650	620	870					620	620	570	840		892
550	650		680	630	630	872	892	500	540	490	580		580	840		894
						878	894				570	620		820		896
500		620	680	620	640	880	896	480	540	480	520	620	580	800	610	894
						872	894				620	660		700	770	893
470	560	560	670		720	840	893	450	450	450	600	660		700	830	
			680		760	840					570	590			830	
470	510			630				450	450	450	550	570				
470		530						450	450	450						
470	470							450	450	450						
470	470							450	450	450						
470	470							450	450	450						
470	470	470						450	450	450						

Nutzbare Energie im mittelsten Stromfaden.

Versuch Nr.   67
Datum . . 7.12.08
Kesseldruck   9
Wassermenge 7,15
Höhe   . . 13,4

Länge	
130	870
120	872
110	876
100	876
90	878
80	880
70	881
60	881
50	884
40	886
30	887

Zahlentafel 26c.

Kanal IV.   Verteilung der nutzbaren Energie über die Breite des Kanales.
Drücke in 0,01 kg/qcm.

	75a	75b	75c	75d	76a	76b	76c	76d	77a	77b	77c	77d
Versuch Nr. . . .	75a	75b	75c	75d	76a	76b	76c	76d	77a	77b	77c	77d
Datum	18.12.08	18.12.08	18.12.08	18.12.08	18.12.08	18.12.08	18.12.08	12.18.08	18.12.08	18.12.03	18.12.08	18.12.08
Kesseldruck kg/qcm	6,85	6,8	6,7	6,8	9	9	9	9	9	9	9	9
Wassermenge ltr/sk	7,37	7,37	7,37	7,37	7,37	7,37	7,37	7,37	7,37	7,37	7,37	7,37
Höhe	13,6	13,6	13,6	13,6	13,6	13,6	13,6	13,6	24,6	24.6	24,6	24,6
Länge	130	100	60	25	130	100	60	25	130	100	60	25
p_{st} an d. Stelle 112	4	4	4	4	5	5	5	5	5	5	5	5
+15	440				790				770			
12	460	460			830	790			780	740		
9	480	475			880	870			780	745		
7			480				830				740	
6	500	510			870	880			785	750		
5			550				870				720	
4				660				875				882
3	520	550	610	668	880	882	880	878	780	740	700	884
2			650	672			885	880			680	888
0	530	580	655	678	880	880	885	882	780	730	660	892
2			655	675			880	878			630	888
3	540	580	655	672	880	875	878	875	770	735	610	884
4				670				870				880
5			610				872				590	
6	540	570			880	880			765	780		
7			590				780				570	
9	530	530			860	870			760	780		
12	520	450			820	780			760	740		
−15	490				780				760			

The column of positions at the left is labelled **Breite**.

Zahlentafel 24.

Kanal II. Verteilung der nutzbaren Energie über die Breite des Kanales. Drücke in 0,01 kg/qcm.

Versuch Nr.	63 a	63 b	63 c			63 d			63 e			63 f			63 g			63 h		
Datum	3. 12. 08								3. 12. 08											
Kesseldruck kg/qcm	8,0	8,0	8,0			8,0			8,0			8,0			8,0			8,0		
Wassermenge ltr/sk	5,6	5,6	5,6			5,6			5,6			5,6			5,6			5,6		
Höhe	13,4	13,4	13,4			13,4			13,4			13,4			13,4			13,4		
Länge	50	110	115			120			125			130			135			142		
Breite +15															580	580	580	600	580	580
13						570	570	570	570	570	570	570	570	570						
12															740	580	580	750	600	580
11			10: 580			11: 600	580	570	610	570	570	570	570	570						
9			8: 700	640	600	9: 670	630	580	700		570	580	580	580	770	700	580	770		580
7		600	700																	
6			780	740	720	770	680	600	780	730	660	770	680	600	770		580	750		570
5		700																		
4	770																			
3	780	780	780	780	780	780	780	780	780	780	720	780	780	680	740		680	680	740	600
0	780	780	780	780	780	780	780	780	770	780	780	750	780	720		770	740	650	750	700
3	780	780	660	700	760	640	720	780	770	780	780	680	770	770	600	730	770	600	680	750
4	778																			
5		770																		
6			600	630	660	600	650	750	600	720	770	600		780	570		750	600		770
7		600																		
9			8: 580			9: 580		600	580	650	650	590	690	730	570	570	750	580	580	740
11			10: 580			11: 580		580	580	600	600	570	570	600	570	570				
12															570	570	650	580	580	600
13						580	580		580	580	580	570	570	570						
−15															570	570	600	580	580	580

Zahlentafel 25.

Kanal III. Verteilung der nutzbaren Energie über die Breite des Kanales. Drücke in 0,01 kg/qcm.

	64a	64b	64c	64d	65a	65b	65c	65d	66a	66b	66c	66d
Versuch Nr. Datum	15.12.08				15.12.08	15.12.08			15.12.08	15.12.08	15.12.08	15.12.08
Kesseldruck kg/qcm	9	9	9	9	9	9	9	9	9	9	9	9
Wassermenge ltr/sk	5,33	5,33	5,33	5,33	6,8	6,8	6,8	6,8	7,25	7,25	7,25	7,25
Höhe	12,4	12,4	12,4	12,4	12,4	12,4	12,4	12,4	12,4	12,4	12,4	12,4
Länge	130	100	60	25	130	100	60	25	130	100	60	25
+15	778				740				670 670			
12	840				840				780 720			
9	848				862				850 800			
8		800				750				770		
6	850	850	810		865	840	848		850 850	840	820	
4		858	860	870		860	855	860		850	850	850
3	850			872	865			864	855 855			852
2		862	866	874		860	860	868		854	855	855
0	854	864	866	874	868	862	868	870	850 850	856	858	860
2		862	860	870		860	862	868		854	840	855
3	860			868	830 860			860	820 850			850
4		850	850	860		860	820	850		849	780	840
6	852	810	810		770 860	760	800		750 820	840	780	
8		790				730				720		
9	810				760 760				700 800			
12	780				730 730				700			
−15	770				730 730				700 670			

Breite

Nutzbare Energie im mittelsten Stromfaden.

	67	68
Versuch Nr. Datum	15.12.08	15.12.08
Kesseldruck kg/qcm	9	9
Wassermenge ltr/sk	6,8	5,33
Höhe	12,4	12,4
130	868	860
120	862	865
110	863	868
100	862	874
90	863	874
80	863	876
70	864	876
60	868	876
50	868	876
40	868	878
30	874	878

Länge

4*

Zahlentafel 26a.

Kanal IV. Verteilung der nutzbaren Energie über die Breite des Kanales. Drücke in 0,01 kg/qcm.

Versuch Nr.	69a		69b		69c		69d	
Datum	18.12.08		18.12.08		18.12.08		18.12.08	
Kesseldruck kg/qcm	6,8		6,8		6,65		6,4	
Wassermenge ltr/sk	7,37		7,37		7,37		7,37	
Höhe	13,6		13,6		13,6		13,6	
Länge	130		100		60		25	
p_{st} an der Stelle 112	0,25		0,25		0,25		0,25	
+15	20	20						
12	20	20	20	20				
9	20	20	20	20				
7					15	15		
6	20	20	20	20				
5					12	12	4: 610	
3	660	450	660	550	620	300	615	
2					648		620	
0	665	665	660	600	648		628	
2					650		623	
3	300	650	660	660	642		618	
5					630		615	
6	400	600	500	650				
7					450			
9	30	30	30	30				
12	20	20	25	25				
−15	20	20						

Versuch Nr.	70a		70b		70c		70d	
Datum	18.12.08		18.12.08		18.12.08		18.12.08	
Kesseldruck kg/qcm	6,75		6,75		6,6		6,45	
Wassermenge ltr/sk	7,37		7,37		7,37		7,37	
Höhe	22,6		22,6		22,6		22,6	
Länge	130		100		60		25	
p_{st} an der Stelle 112	0,25		0,25		0,23		0,25	
+15	30	30						
12	30	30	70	70				
9	30	30	70	70				
7					30			
6	200	160	250	100				
5					30		4: 600	
3	400	400	600	400	630		615	
2					640		618	
0	650	600	658	658	648		622	
2					646		618	
3	658	658	660	660	638		615	
5					630		4: 610	
6	640	640	550	650				
7					50			
9	400	500	300	600				
12	100	100	100	250				
−15	30	30						

Versuch Nr.	71a	71b	71c	71d
Datum	18.12.08	18.12.08	18.12.08	18.12.02
Kesseldruck kg/qcm	6,80	6,75	6,55	6,45
Wassermenge ltr/sk	7,37	7,37	7,37	7,37
Höhe	13,6	13,6	13,6	13,6
Länge	130	100	60	25
p_{st} an der Stelle 112	1	1	1	1
+15	100			
12	100	50		
9	100	50		
7			30	
6	100	130		
5			45	4: 638
3	150	630	650	640
2			655	642
0	200	658	655	645
2			655	643
3	250	658	645	640
5			640	4: 637
6	420	640		
7			30	
9	500	200		
12	460	120		
−15	400			

Breite

Zahlentafel 27.

Kanal IV. Nutzbare Energie des mittelsten Stromfadens.
Drücke in 0,01 kg/qcm bezogen auf unveränderlichen Kesseldruck.

Versuch Nr.	78	79	80	81	82	83	84
Datum	18. 12. 08	18. 12. 08	18. 12. 08	18.12.08	18.12.08	18. 12. 08	18. 12. 0
Kesseldruck kg/qcm	6,8	6,8	6,8	6,8	6,8	9,0	9,0
Wassermenge ltr/sk	7,37	7,37	7,37	7,37	7,37	7,37	5,27
Höhe	13,6	13,6	13,6	13,6	13,6	13,6	13,6
130	665	500	490	530	535	880	880
120	660					880·	880
110	660					880	882
100	660	663	570	550	580	882	880
90	662					882	886
80	662	665	590			882	888
70	668	665	650	630			888
60	665	665	670	665	665	885	880
50	668	667	670	665	662	885	884
40	668	667	670	665	665	886	886
30	668	670	678	665	665	887	886
p_m an der Stelle 112	0,25	1	2	3	4	5	5

(Die Spalte „130–30" ist mit „Länge" bezeichnet.)

Sonderabdrücke
aus der Zeitschrift des Vereines deutscher Ingenieure,
die in folgende Fachgebiete eingeordnet sind:

1. Bagger.
2. Bergbau (einschl. Förderung und Wasserhaltung).
3. Brücken- und Eisenbau (einschl. Behälter).
4. Dampfkessel (einschl. Feuerungen, Schornsteine, Vorwärmer, Überhitzer).
5. Dampfmaschinen (einschl. Abwärmekraftmaschinen, Lokomobilen).
6. Dampfturbinen.
7. Eisenbahnbetriebsmittel.
8. Eisenbahnen (einschl. Elektrische Bahnen).
9. Eisenhüttenwesen (einschl. Gießerei).
10. Elektrische Krafterzeugung und -verteilung.
11. Elektrotechnik (Theorie, Motoren usw.).
12. Fabrikanlagen und Werkstatteinrichtungen.
13. Faserstoffindustrie.
14. Gebläse (einschl. Kompressoren, Ventilatoren).
15. Gesundheitsingenieurwesen (Heizung, Lüftung, Beleuchtung, Wasserversorgung und Abwässerung).
16. Hebezeuge (einschl. Aufzüge).
17. Kondensations- und Kühlanlagen.
18. Kraftwagen und Kraftboote.
19. Lager- und Ladevorrichtungen (einschl. Bagger).
20. Luftschiffahrt.
21. Maschinenteile.
22. Materialkunde.
23. Mechanik.
24. Metall- und Holzbearbeitung (Werkzeugmaschinen).
25. Pumpen (einschl. Feuerspritzen und Strahlapparate).
26. Schiffs- und Seewesen.
27. Verbrennungskraftmaschinen (einschl. Generatoren).
28. Wasserkraftmaschinen.
29. Wasserbau (einschl. Eisbrecher).
30. Meßgeräte.

Einzelbestellungen auf diese Sonderabdrücke werden **gegen Voreinsendung** des in der Zeitschrift als Fußnote zur Überschrift des betr. Aufsatzes bekannt gegebenen Betrages ausgeführt.

Vorausbestellungen auf sämtliche Sonderabdrücke der vom Besteller ausgewählten Fachgebiete können in der Weise geschehen, daß ein Betrag von etwa 5 bis 10 M eingesandt wird, bis zu dessen Erschöpfung die in Frage kommenden Aufsätze regelmäßig geliefert werden.

Zeitschriftenschau.

Vierteljahrsausgabe der in der Zeitschrift des Vereines deutscher Ingenieure erschienenen Veröffentlichungen 1898 bis 1910.
Preis bei portofreier Lieferung für den Jahrgang
3,— ℳ für Mitglieder.   10,— ℳ für Nichtmitglieder.

Seit Anfang 1911 werden von der Zeitschriftenschau der einzelnen Hefte einseitig bedruckte gummierte Abzüge angefertigt.
Der Jahrgang kostet
2,— ℳ für Mitglieder.   4,— ℳ für Nichtmitglieder.
Portozuschlag für Lieferung nach dem Ausland 50 Pfg für den Jahrgang. Bestellungen, die nur gegen vorherige Einsendung des Betrages ausgeführt werden, sind an die **Redaktion der Zeitschrift des Vereines deutscher Ingenieure, Berlin NW., Charlottenstraße 43** zu richten.

Mitgliederverzeichnis d. Vereines deutscher Ingenieure.

Preis 2,50 ℳ. Das Verzeichnis enthält die Adressen sämtlicher Mitglieder sowie ausführliche Angaben über die Arbeiten des Vereines.

Bezugsquellen.

Zusammengestellt aus dem Anzeigenteil der Zeitschrift des Vereines deutscher Ingenieure. Das Verzeichnis erscheint zweimal jährlich in einer Auflage von 35 bis 40000 Stück. Es enthält in deutsch, englisch, französisch, italienisch, spanisch und russisch ein alphabetisches und ein nach Fachgruppen geordnetes Adressenverzeichnis.

Das Bezugsquellenverzeichnis wird auf Wunsch kostenlos abgegeben.